Hans-Peter Dürr/Marianne Oesterreicher

Wir erleben mehr als wir begreifen

W0462880

HERDER spektrum

Band 5904

Das Buch

Die Quantenphysik ist durch Nachdenken und Experimentieren zu revolutionierenden Erkenntnissen gelangt, die unsere Welt bestimmen, auch wenn nur wenige diese Theorien im eigentlichen Sinne verstanden haben. Das vorliegende Buch geht der Frage nach, ob und inwieweit ein an der Quantenphysik geschultes Bewusstsein näher an das Verständnis von Lebensfragen und von religiösen Fragen heranreichen kann als ein Denken, das der klassischen Physik verpflichtet ist. Insbesondere um existentielle Grundfragen geht es: um das Thema persönlicher Verantwortung, um den Wert der individuellen Existenz, um die Bewertung der personalen Ich-Du-Beziehung. Hans-Peter Dürr, eine Persönlichkeit mit Wegweiserqualitäten, wie wir sie im neuen Jahrtausend nötig haben, ist der ideale Gesprächspartner für diese Dimension des Themas. Die Zusammenhänge von Naturwissenschaft und Religion, Ökologie und gesellschaftlicher Veränderung haben den Heisenbergnachfolger immer umgetrieben. Wie können wir über das sprechen, was Wissenschaft nicht fassen kann? Was bedeuten Selbst, Identität, Verantwortung für den Quantenphysiker? Eine spannende Begegnung.

Die Autoren

Hans-Peter Dürr, Professor, Dr. phil., geb. 1929, Physiker, Schüler und Freund von Werner Heisenberg, zahlreiche fachliche und fachübergreifende Veröffentlichungen, Träger des Alternativen Nobelpreises; bei Herder Spektrum (zusammen mit Raimon Panikkar) Liebe – Urquell des Kosmos. Ein Gespräch über Naturwissenschaft und Religion.

Marianne Oesterreicher-Mollwo, Dr. phil., Studium der Philosophie, Germanistik, bildenden Kunst und Kunstgeschichte, Herausgeberin und Autorin mehrerer Bücher. Gemeinsame Publikation mit Hans-Peter Dürr: Auch die Wissenschaft spricht nur in Gleichnissen. Die neue Beziehung zwischen Religion und Naturwissenschaften.

Hans-Peter Dürr/Marianne Oesterreicher

Wir erleben mehr als wir begreifen

Quantenphysik und Lebensfragen

HERDER

FREIBURG · BASEL · WIEN

Originalausgabe

3. Auflage der Jubiläumsausgabe 2008

© Für diese Ausgabe: Verlag Herder GmbH, Freiburg im Breisgau 2007
Alle Rechte vorbehalten
www.herder.de

Umschlagkonzeption und -gestaltung:
R·M·E München / Roland Eschlbeck, Liana Tuchel
Umschlagmotiv: René Magritte: Les idées claires (Detail)
© VG Bild-Kunst, Bonn 2007

Satz: Rudolf Kempf, Emmendingen
Herstellung: fgb · freiburger graphische betriebe
www.fgb.de

Gedruckt auf umweltfreundlichem, chlorfrei gebleichtem Papier
Printed in Germany

ISBN 978-3-451-05904-9

Zitate – statt eines Inhaltsverzeichnisses

Vorwort

Dies ist vor allem ein Buch über eine Begegnung und die Darstellung eines langen Gesprächs, in dem es um mögliches Verstehen von Quantenphysik ging und besonders darum, was man aus der Beschäftigung mit ihr für das Leben lernen kann, wenn man nicht viel von Physik weiß, so wie ich. Eigentlich ist es zugleich ein Buch *über* Hans-Peter Dürr geworden. Sein Name erscheint zwar als Autorenname, weil alles Wesentliche in diesem Buch von ihm gesagt wurde, aber ich habe das, was ich während dieses Gesprächs erlebt habe, aufgeschrieben. Daraus folgte für mich, dass ich auch immer wieder versuchte, meinen Gesprächspartner als Person zwischen den Zeilen spürbar werden zu lassen.

Es ist mir bewusst, dass Dürr vor einem fachlich gebildeteren Publikum anders, wissenschaftlich fundierter, gesprochen hätte. Sicher hätte ein quantenphysikalisch gewitzterer Mensch als ich es bin mit ihm noch verschlungenere Wege in diesem schwierigen Gebiet gehen können. Die Tatsache aber, dass Dürr mich, die Fachfremde, für eine Weile an der Hand nahm, um ihr den einen oder anderen Aspekt zu zeigen, hat besondere Reize. Es ergab sich so ein eher impressionistischer, assoziations- und bildreicher Zugang.

Da es sich um eine sehr komplexe Thematik handelt, war es nicht nur unvermeidlich, sondern zugleich auch für mein Verständnis wünschenswert, dass wir an einigen Stellen einmal oder sogar mehrere Male zurückkehrten zu bereits Gesagtem, jeweils in einem etwas anderen Zusammenhang. Schlicht linear lassen sich solche Themen nicht behandeln.

Der physikalisch unbelastete Leser bekommt so Atmosphärisches, Erlebnisse, Ahnungen, Nachdenken über Konsequenzen im Zusammenhang mit diesem faszinierenden Gebiet auf eine Weise vermittelt, die ein richtig systematisches Buch nicht bieten könnte.

Dass ich Dürr mit meinen Fragen auch in Bereiche locken würde, die über das Gebiet der reinen Wissenschaft zum Teil weit hinausreichen, war von Anfang an beabsichtigt.

Solche Gespräche transportieren ja zwangsläufig nicht nur ‚Wissen', sondern auch Biographisches. Und das ist gut so, denn innerhalb eines Menschen können verschiedene Erkenntnisbereiche eine Verbindung eingehen, auch dann, wenn nicht immer genau beschrieben werden kann, wie der Mensch das eigentlich macht.

Unsere Gespräche haben sich alle in München abgespielt, und zwar, bis auf das letzte, im ehemaligen Institutszimmer von Werner Heisenberg – einer seiner Nachfolger ist Hans-Peter Dürr. Sie waren aber von der Art, dass es mir oft so schien, als säßen wir in einer bestimmten Landschaft am Meer, genauer am Mittelmeer. Da meine Landschaftsphantasien, während wir sprachen, für mich auch eine Art von Realität hatten, habe ich im Folgenden versucht, sie immer wieder mit der Darstellung unserer Gespräche zu verbinden, um so die Atmosphäre zu erfassen, die sich in dieser Zeit zwischen uns gebildet hatte. In dieser Landschaft spiegeln sich die Elemente wider, die in den Gesprächen bildhaft eine Rolle spielen: Wasser, Wellen, Steine, Sand, Bäume, Fischer, Fische ...

Meine manchmal unausgesprochenen Zweifel und Aha-Erlebnisse während des Redens gehören für mich ebenfalls so sehr zum Gesamterlebnis dieses Gesprächs, dass ich auch sie deshalb hier wiedergebe.

Der unmittelbare Anlass zu dem Gespräch war das von Dürr nachdrücklich geäußerte Bedauern darüber, dass die Einsichten der Quantenphysik, die nun, seit den ersten Anfängen, schon hundert Jahre alt ist, trotz mancher populärwissenschaft-

lichen Literatur immer noch viel zu wenig in den Zeitgeist eingedrungen sind.
Es war ein besonders großes Glück für mich, auf meiner Suche nach Formen der Verbindung zwischen Wissenschaft und Leben Hans-Peter Dürr als Gesprächspartner zu gewinnen. Er ist ja nicht nur ein renommierter Naturwissenschaftler, Teilchenphysiker, ehemals Schüler, Assistent und Freund von Werner Heisenberg, sondern zugleich schon lange als klug, verantwortungsbewusst und durchsetzungsfähig Handelnder in der Öffentlichkeit präsent, was ihm unter anderem auch die Verleihung des Alternativen Nobelpreises einbrachte. Er ist eine Persönlichkeit, die tiefe Einsichten in die Quantenphysik mit dem starken Engagement eines politisch Handelnden in Personalunion vereinigt.
Dies war eine Begegnung mit einem der Menschen, an deren Vorbild man sich heute wird halten müssen, wenn man einigermaßen gut im neuen Jahrhundert zurecht kommen will.
Für seine Geduld und die inspirierende Zusammenarbeit danke ich Hans-Peter Dürr sehr herzlich.
Für hilfreiche Gespräche danke ich den Professoren Michael von Brück, LMU München, und Hartmann Römer, Universität Freiburg. Weiterhin danke ich Dr. Regine Kather, Privatdozentin für Philosophie an der Universität Freiburg, für Ermutigung und die Lektüre des Manuskriptes.

Wildtal, im Dezember 2000 Marianne Oesterreicher

Wir sitzen nahe am Meer. Unsere Füße berühren fast das Wasser. Es ist früher Nachmittag in einer kleinen Bucht am Mittelmeer. Silberne, graue und goldene Wellen zittern am Horizont unter dem Licht der noch hoch stehenden Sonne. Der Sand ist warm. Es riecht nach Fischen, nach Muscheln, von der Landseite her kommt der schwache Duft von Rosmarin. In der Nähe zieht sich eine Landzunge ins Meer hinaus. Mehrere Pinien stehen auf ihr, ganz vorne eine tief geneigte. Es ist still. Durch den feinen Sand kämpft sich ein schwarzer Käfer. Manchmal tritt er auf einige instabil gelagerte Sandkörner. Dann fällt er auf den Rücken, rudert mit seinen sechs Beinen, steht auf und stolpert weiter auf seinem Weg.

Wir schauen aufs Meer hinaus. Ich empfinde Freude darüber, mich mit Hans-Peter Dürr über die Quantenphysik unterhalten zu dürfen – über die Quantenphysik und, wie wir uns von Anfang an vorgenommen haben, insbesondere auch über Fragen, die darüber hinaus weisen. So wird das zugleich auch ein Gespräch *über* Hans-Peter Dürr werden.
Ich weiß noch genau, wie es war, als ich ihn zum ersten Mal im Fernsehen erlebte. Das Auffallendste war seine Stimme. Sie war von so ungewöhnlicher Behutsamkeit. Aber gerade als ich anfing, mich darüber zu wundern, erlebte ich sie als männlich, stark und einfach. Und dabei blieb es auch. Beim nächsten Mal ging es mir aber wieder so.

Die Sandkörner rieseln angenehm warm durch die Finger. Sieht man genauer hin, bemerkt man, wie bunt der Sand ist: gelbe Körnchen, braune, weiße, einige schwarze. Ab und zu ein Stein. Früher, vor Millionen von Jahren, waren Steine und Sand Teile großer Gesteinsbrocken. Teile? Sie waren doch noch gar nicht aufgeteilt, also waren es auch keine Teile. Es gab nur die Gesteinsmasse. Kann man von Tropfen im Wasser reden, bevor sie verspritzt sind?

Wie oft vermengen wir unsere Erfahrung mit dem, was wir schon wissen! Gibt es Erfahrung ohne Begriffe? Was ist überhaupt Erfahrung?

Dürr ist der Meinung, es sei gar nicht so offensichtlich, was Erfahrung eigentlich bedeutet:

„Wenn ich mit meinem Fuß an einen Stein stoße, dann weiß ich: Da ist doch was! Aber kann man das noch weiter hinterfragen?"

Wir sind uns einig, dass unsere Vorstellung von Erfahrung eng mit dem zusammenhängt, was wir Materie nennen.

„Wenn ich meine Hand über einen Gegenstand lege", sagt Dürr, „merke ich: Ich kann meine Hand gar nicht schließen, weil da etwas Ausgedehntes dazwischen ist. Ich habe aber vor allem den Eindruck, dass da ein Widerstand ist, dass also eine Kraft gegen meine Hand drückt. Wenn ich meinen Blick darauf richte, ist da etwas, was ihn aufhält. Die Erfahrung der Kraft, die mir entgegenwirkt und die mich am Hineinsehen hindert, das erscheint mir als das Wesentliche."

Er schaut mich mit seinen großen dunklen Augen von der Seite an und ich überlege: wie viele komplexe Assoziationen denkt er gleichzeitig, während er so einen Satz sagt?
Nun kann man aber einen Hammer nehmen und zum Beispiel einen Stein in zwei Stücke schlagen. Dann kann man doch hineinschauen. Hat sich nun durch das Zerschlagen viel geändert oder nicht?
Sicher, man kann die Teile wieder so zusammenbringen, wie sie vorher lagen. Dann sieht es so aus, als habe sich nicht viel geändert. In Wirklichkeit lässt sich jedoch der Anfangszustand nicht wieder herstellen. Die Stücke bleiben nicht aneinander haften, sie fallen leicht auseinander. Etwas allerdings bleibt bei allen Manipulationen gleich. Wir nennen das Materie:

„Die Materie bleibt also, die Form kann sich ändern", sagt Dürr.

Warum nehmen wir etwas auseinander, wenn wir es verstehen wollen? Es ist doch gar nicht offensichtlich, dass wir es dann leichter haben. Wissen wir sehr viel mehr, wenn wir den Stein zertrümmert haben? Man hat dann eben zwei Stücke statt eines. Beim Leben ist es doch umgekehrt. Wenn wir Lebendes zertrümmern, geht uns Wesentliches verloren. Man kann zwar hineingucken, aber es lebt nicht mehr.
Beim Stein haben wir vielleicht noch keinen großen Erkenntnisgewinn, wenn wir ihn zertrümmern. Aber wir sind felsenfest davon überzeugt, dass wir damit nichts kaputt gemacht haben. Ist das denn so? Wie kommen wir darauf, dass wir, anders als beim Lebenden, sagen, wenn wir den Stein zerlegen, geht nichts kaputt?

„Selbstverständlich", meint Dürr, „geht etwas kaputt, weil in der Welt, von der wir Kenntnis haben, das Ganze immer mehr ist als die Summe der Teile."

Ich versuche mir das vorzustellen:

„Was man das Ganze nennt, das schließt nicht nur die Teile, sondern auch die Beziehung unter diesen Teilen ein – was man auch immer unter Teilen hier verstehen mag. Und an der Bruchstelle ist diese Beziehung verloren gegangen. Richtig?"

Damit ist Dürr einverstanden. Er spricht von Kraftwirkungen: Im Fall des Steines sind es anziehende Kräfte. Ich kann diese Kräfte offensichtlich nicht wieder wecken, indem ich die Schnittflächen einfach zusammenhalte. Ich habe also beim Aufbrechen etwas zerstört. Er findet das „schon etwas überraschend", dass der Stein „so ein ganz bisschen die Eigenschaften vom Lebendigen" hat.

Die Geschichte mit dem Stein hat noch einen anderen Aspekt: Wenn ich den Stein anfasse, erlebe ich nicht nur den

Stein, sondern auch meine Hand. Das Stein-anfassen ist also zugleich eine Erfahrung von mir selber.

„Ursprünglich, in ganz früher Kindheit oder im halbwachen Zustand", meint Dürr, „trenne ich zunächst gar nicht zwischen mir und dem Stein. Wo die Grenze verläuft, das nehme ich nicht bewusst wahr, das Anfassen ist für mich zunächst ein Gesamterlebnis. Aber dann – wann ist das, mit einem Jahr, mit zwei? Wenn ich ganz aufgewacht bin? –, dann kommt der wesentliche Augenblick, wo ich auf einmal sage: Ich greife einen Stein. Indem ich mir den Vorgang bewusst mache, erfahre ich: was im Grunde ein Erlebnis ist, fällt auseinander: in mich selbst, der greift, und den Stein, das Objekt, etwas Äußeres, mir nicht mehr Zugehöriges. Und dann geht die Objektivierung noch einen Schritt weiter und ich sage: die Welt hat Steine oder in der Welt sind Steine, Steine existieren. Dass ich es war, der einen Stein angefasst hat, das ist dann völlig unwichtig. Es ist ein Bewusstseinsakt: ich bin einer, der die Welt anfasst, aber es gibt auch andere, die sie wie ich anfassen, also ‚gibt es' diese Welt unabhängig von mir. Diese Schlussfolgerung ist entscheidend für unsere gewohnte Vorstellung von der Welt, für die alte klassische Vorstellung. Genau an diesem Punkt geht die Sicherheit dann in der modernen Physik verloren. Wir tun uns alle sehr schwer, wenn jemand uns sagt: es gibt diese Welt außerhalb von uns streng genommen gar nicht, es gibt zunächst nur das Erlebnis, das wir von der Welt haben. Dann antworten wir wohl, na ja, das ist mir ein bisschen zu wenig, ich möchte ja auch mit anderen darüber reden, was in der Welt wirklich *ist* und nicht nur meine privaten Erlebnisse zum Besten geben. Und wenn die Welt letztlich nur ein Anhängsel oder ein Geschöpf von meinem Ich ist, dann wäre ich ja ganz allein."

Ja, meint er denn wirklich, es gibt keine Welt außerhalb von uns? Selbstverständlich wird ein moderner Mensch sich die Welt kaum als völlig abgetrennt von sich und seinem Denken

vorstellen. Aber außer mir soll es gar nichts geben? Das klingt absurd.
Wie war das mit dem Solipsismus? Wie war das mit Kant? Kant hat die Möglichkeit der Verständigung untereinander mit der im Wesentlichen gleichen Ausstattung der Wahrnehmungs- und Denkapparate aller Menschen erklärt. Aber dass für uns überhaupt eine Welt *ist* und nicht Nichts, das verdanken wir nach Kant dem ‚Ding an sich', das hinter jeder Erfahrung steckt, aber selbst grundsätzlich unerkennbar bleibt. Im Deutschen Idealismus versuchte Fichte sogar so weit zu gehen, eine Hervorbringung des Nicht-Ich durch das Ich zu bedenken, also das Nicht-Ich dem Ich entwachsen zu lassen. Und der Solipsismus, der in der Philosophiegeschichte an verschiedenen Stellen auftaucht, behauptet in der Tat: Ich bin ganz allein. Alles andere ist nichts als meine Vorstellung. Kant und Fichte – das ist lange her. Den uns manchmal noch in Pubertätszeiten erschreckenden Gedanken des Solipsismus verlassen wir irgendwann wieder, ohne ihn widerlegt zu haben, einfach weil wir damit nicht leben können.
Das philosophische Weltbild vieler Menschen heute ist eher geprägt von Überzeugungen, die den Einsichten etwa der Evolutionären Erkenntnistheorie verwandt sind. Nach dieser haben sich unsere Vorstellungs- und Erkenntnismöglichkeiten Schritt für Schritt entwickelt durch sich immer wieder verwandelnde Anpassungen unseres Bewusstseins an Lebens- und Überlebensumstände. Unsere Gedanken bilden also keine feststehende Realität ab, sondern diejenigen Aspekte der Welt, auf die hin wir uns geformt haben, so wie der Vogelflügel gewissermaßen die Luft ‚abbildet' oder der Pferdehuf die Steppe. Eine solche Denkweise ist prinzipiell nach vorne offen und zugleich gänzlich unmetaphysisch und stellt sich bestimmte bohrende philosophische Fragen gar nicht mehr.
Die Gedanken der Quantenphysik sind nicht so prägend am Zeitgeist beteiligt. Und dies trotz vielfältiger populärwissenschaftlicher Literatur. Dürr findet das zutiefst bedauerlich.

Was ist das Charakteristische der quantenphysikalischen Sicht? Vorgreifend auf alles, worüber wir noch reden werden, betont Dürr, dass die Quantenphysik, wenn wir ihre Einsichten einmal tollkühn auf die Ebene des Menschen verlängern, keine scharfe Trennung mehr von Ich und Welt zulässt, ja sie im Grunde sogar ganz aufhebt. Im Rückblick auf die davor liegende Wissenschaftsgeschichte hält er fest:

„Es war genau der Standpunkt, der die Welt als etwas – in sich und von uns – Abtrennbares, etwas Objektivierbares erlebt, der zur Entwicklung der Wissenschaft und insbesondere der Naturwissenschaft geführt hat. Wissen und Wissenschaft im heutigen Sinne ist ohne die Trennung von Ich und Welt nicht möglich. Erst durch diesen Schnitt lassen sich Dinge scharf unterscheiden und Regelmäßigkeiten zwischen ihnen erkennen, deren Formulierungen sich im Laufe der Zeit als richtig oder falsch erweisen können. Wir verwenden dieses Wissen von Regelmäßigkeiten dann dazu, Prognosen zu machen. Dass die Wirklichkeit dies überhaupt zulässt, ist eigentlich die Überraschung!"

Es scheint mir Bedauern mitzuschwingen, als er sagt:

„Die Vorstellung einer äußeren, objektivierbaren Welt hat in unseren Köpfen im Laufe der Zeit eine dominante Bedeutung gewonnen. Aber heute können wir uns fragen: Ist dieses objektive Denken, das wir uns seit Galilei und Newton oder der Aufklärung zugelegt haben, eine zwingende Notwendigkeit und nicht nur eine erprobte Gewohnheit? Sollen wir die Welt denn nur noch in dieser Hinsicht ansehen?"

Er räumt aber ein: „Die Welt muss schon eine Struktur haben, die in einer für unsere Alltagswelt gültigen Näherung diese Art von Wissen zulässt, sonst wüsste ich überhaupt nicht, wie ich von ihr reden könnte. Wenn wir das objektivierende Denken ganz opfern, dann ist kein Wissen mehr da, dann ist nicht einmal mehr Kausalität da. In der spontanen Erfahrung, die wir künftig in Abgrenzung von der Empirie lieber als *Erlebnis* bezeichnen wollen, gibt es ja keine Kausalität. Spontane Erfahrung in ihrer extremen Form bedeutet: Ich lebe nur so hinein in den Tag und es ist kein klares Bewusstsein möglich. Denn das setzt eine solche Spaltung voraus. Wenn ich nicht dieses Bewusstsein habe, dann heißt es: Ich bin ich, ich bin ich, ich bin ich, und das lebt einfach so vor sich hin, und ich weiß noch nicht einmal, ob dieses Ich überhaupt Erfahrung sammeln kann. Erfahrung sammeln heißt ja, sich abzutrennen. Es gibt allerdings verschiedene Wege, mit dieser Trennung umzugehen. Wer ‚manipulieren'* will, hat eine sehr gerichtete Möglichkeit, mit dieser Welt in Kontakt zu kommen, nämlich durch die greifende Hand. Die analytische Methode des Auseinandernehmens, des Zerstörens, um Wissen zu erlangen, ist auf Manipulation angewiesen. Die Frage, die wir uns heute stellen müssen, lautet: wie tief ist in uns die Gewohnheit verwurzelt, die Welt nur noch in ihrer objektivierbaren Form zu erfahren? Die moderne Physik hat uns gelehrt, dass wir in dieser Vorstellung zu weit gegangen sind."

Es geht ihm hier also um ein Maß, darum, welche Einstellung noch angemessen ist und welche ins Übermaß getrieben wurde. Die moderne Physik hat deutlich gemacht, dass ein Objektivieren der Welt, das sie nur als dingliche Realität auffasst, nicht mehr möglich ist, wenn man die von der Quantenphysik entdeckten Phänomene verstehen will. Dies würde sich auch auf die Vorstellung einer Trennung von Ich und Welt auswirken. Die Welt als Objekt ist fragwürdig geworden. Ist es so?

Die klassischen Physiker sind auf ihrem reduktionistischen Weg des weiteren Aufteilens ja nur zu kleineren und immer kleineren Teilchen gelangt. Die Quantenphysik dagegen sucht gar nicht nach immer neuen, noch kleineren Teilchen.

* von lateinisch ‚manus' = die Hand, hier ohne negative Wertung verwendet im Sinne von ‚eingreifen'.

Sie hat erkannt, dass es, anders als es die klassische Physik nahe legte, keine deutlich zu definierende Grenzlinie zwischen mir als Beobachter und der äußeren Welt gibt. Zu ihren wesentlichen Einsichten gehört die Entdeckung, dass im subatomaren Bereich jedes Untersuchungsergebnis von der Methode und dem Instrumentarium abhängt, mit dem der Beobachter seine Frage an die Natur stellt. Diesen Zusammenhang macht mir Dürr an einem ganz einfachen Alltagsbeispiel klar:

„Meine rechte Hand, die ja auch Stoff ist, kann meine linke Hand in die Hand nehmen. Dann ist die linke Hand wie ein Stein und ich erlebe sie als etwas, das auch außerhalb von mir ist. Ich erkenne meinen Körper auch als Stoff und habe damit eine äußere Erfahrung. Das heißt, ich kann den Schnitt zwischen dem Beobachter und dem Objekt, zwischen mir und der ‚Welt' an verschiedenen Stellen führen. Immer mehr von dem, was mich ausmacht als Beobachtenden und als Handelnden, kann ich zur äußeren Welt rechnen. Es bleibt am Schluss von mir nur noch das übrig, was erlebt und was eigentlich gar keine stoffliche Komponente mehr hat."

Für den Quantenphysiker ist es nun wesentlich, aussichtslose Fragen wie: Wo verläuft die Grenze zwischen Ich und Welt? gar nicht mehr zu stellen.

„Wie", fragt Dürr, „können wir Wirklichkeit erfahren? Muss unsere Wirklichkeitserfahrung immer schon eingeschränkt sein durch diese Objektivierungen, durch unser Interesse, sie zu begreifen? Muss sie immer beschwert sein mit dem, was sich im Laufe der Evolution für den Menschen aus dem Greifen der Greifhand als letztes entwickelt hat? Wenn ja, dann hätten wir überhaupt keinen Zugang zur modernen Physik. Denn sie sagt ja das Ungeheuerliche, dass all diese Dinge gar nicht so sind, wie wir sie begreifen."

Aber wie kommen wir überhaupt je dazu, anderes zu verstehen? Können wir denn aus unserer evolutionären Prägung, aus einer fast alles beherrschenden Gewohnheit aussteigen?

„Wir können kaum mehr zurück. Wir können uns kaum vorstellen, was etwas ist, das nicht mit diesen aus dem Begreifen, dem Greifen stammenden Bildern erfasst werden kann."

Dürr spricht vom „Hintergrund", auf dem wir aufgrund unserer Überlebensfähigkeit etwas konstruieren, um manipulieren zu können. Wir heben in ihm Dinge hervor, die für unser Überleben wichtig sind und kehren alles übrige sozusagen unter den Teppich.

„Außer", wie er etwas launig hinzufügt, „man fängt an, Atomphysik zu machen, was selbstverständlich überhaupt nicht lebensdienlich ist."
Vielleicht ist es aber doch lebensdienlich – auf Umwegen?

Sicher sind wir Wesen, die auf die Manipulation hin orientiert sind und deshalb haben wir auch ein manipulatives Sehen. Wenn wir also eine schöne Pinie ansehen, dann sehen wir sie bereits dreidimensional, weil wir wissen, wenn wir zu ihr hin gehen, dann könnten wir um sie herumgehen. Wir könnten sie auch absägen und aus dem Holz zum Beispiel einen Hammerstiel machen. Wir haben aber auch die Möglichkeit, den Baum nur zu betrachten. Wenn wir etwas lernen wollen über die Zusammenhänge in der Welt, dann, betont Dürr, sollten wir nicht zu sehr an die Verarbeitung zu einem Hammer durch unsere Greifhand denken.
Andererseits, wenn jede Absicht wegfällt – was bleibt dann noch übrig? Folgendes Bild hat – so ähnlich jedenfalls – Heidegger einmal verwendet: Wenn ein Förster in den Wald geht, dann sieht er den Wald unter dem Gesichtspunkt ‚Aufforstung', ein Zimmermann sieht ‚Bretter', ein Dichter sieht vielleicht die Schönheit des Sonnenlichts, das durch die Blätter fällt. Auch der Dichter hat aber ein, wenn auch sehr zurückgetretenes, Interesse an diesen Dingen, er will nicht hingreifen, aber irgendetwas will er ja auch: Gefühl, intensives Erleben, erkennen ... Die Frage ist: Wenn all diese Interessen

schweigen, schläft man da nicht ein, weil da nur noch Nichts ist?

Dürr sieht das anders: „Nein", meint er, „da ist man doch ganz aufmerksam und voll wach." Er glaubt, diese Wachheit habe „überhaupt nichts mit Interessen zu tun, wenigstens nicht in dem Sinne, wie wir dies in der Umgangssprache verstehen, wo das Absichtsvolle im Vordergrund steht." Aber Wachheit bedeutet doch Bewusstsein? Und gibt es Bewusstsein ohne Interesse? Für mich deutet sich der Eindruck an, dass Dürr, wie wohl viele Quantenphysiker, eine gewisse Affinität zum Buddhismus hat.

„Besser gesagt", fährt er fort, „ich hole alles zu mir rein, weil ich mit dieser intensiven Sicht, mit diesem ‚Micheinlassen', die Grenze zwischen mir und der Welt aufhebe. Und so ist ja auch unser primäres Erleben. Erst wenn ich den Vorgang reflektiere, kommen die Unterscheidungen zwischen Ich und dem Anderen herein, und zwar bei jedem etwas anders."

„Diese Fähigkeit des ‚Sich-einlassens'", gebe ich zu bedenken, „hat sich aber doch auch evolutionär entwickelt und weiterentwickelt. Auch in dieser Haltung bin ich begrenzt durch die bisherige Evolution, erlebe also Grenzen – oder sehen die Physiker das anders?"

Für Dürr ist das „eigentlich egal. Wenn jemand sagt, hier steht ein Haus vor mir, aber ich kann es nur von vorne und von der Seite sehen, ich habe keine Möglichkeit, es von oben zu sehen, weil ich auf der Erde stehe, dann sehe ich ja trotzdem ein Haus. Es geht nur um den Rahmen, in dem ich Wirklichkeit verstehe. Dass ich in meinem eigenen Leben alle Dimensionen ausloten könnte, das ist selbstverständlich nicht drin. Es dreht sich doch alles um die Frage: Was ist die Wirklichkeit? Ist sie so eng, wie wir sie sehen, oder kommt diese Engigkeit durch unsere spezielle Sicht herein. Es ist mehr eine Frage, von welcher Art die Wirklichkeit ist, in die wir eingebettet sind. Es besteht ja überhaupt kein Dissens darüber, dass alles mit allem zusammenhängt. Das sagen ja auch die Materialisten. Denn wenn etwas nicht mit mir zusammenhängt, kann ich auch keine Kunde davon haben. Aber jetzt kommt der entscheidende Punkt: Was heißt zusammenhängen? Heißt das: Objekte sind verbunden auf Grund von Kräften und Feldern, von Anziehung und Abstoßung, die die Objekte selbst nicht verändern? Wenn ich mir so etwas vorstelle, trenne ich weiterhin zwischen mir und der Welt da draußen und beziehe nie die Möglichkeit in Betracht, dass da draußen streng genommen gar nichts ist."

Es hängt alles von der Frage ab: Was heißt „da draußen"? Auch Dürr räumt ja ein, dass die Welt eine Struktur hat, die, grob betrachtet, „das Objektivieren erlaubt". Die Quantenphysik hat eine Verbundenheit von allem mit allem aufgedeckt, die sich dem manipulativen Zugriff entzieht, die also nicht durch Kräfte und Felder im Sinne der klassischen Physik erklärt werden kann. Dass alles mit allem zusammenhängt, also auch ich mit allem zusammenhänge, dass es für mich kein abgetrenntes, objektives ‚Draußen' gibt, weil ich nie von mir absehen kann, wenn ich von ‚Welt' spreche, und umgekehrt nie von ‚Welt' absehen kann, wenn ich mich selbst erlebe – das könnte auch noch die Evolutionäre Erkenntnistheorie sagen. Aber die Aussagen der Quantentheorie reichen offensichtlich tiefer.

Ein großes Schiff zieht in der Ferne vorbei. Schaumkämme bilden sich da draußen auf dem Meer und verschwinden wieder – spurlos.

Am Horizont sehe ich einen kleinen dunklen Punkt, der sich von links nach rechts bewegt. Dabei fallen mir noch andere Weisen ein, die Zusammenhänge von allem mit allem zu denken, zum Beispiel die Theorie vom Schmetterlingseffekt:*

„Aber der Schmetterlingseffekt ist ja eigentlich nichts anderes als eine bestimmte Variante des Denkens in Kausalitäten."

„Ja", stimmt Dürr mir zu, „der Schmetterlingseffekt ist ganz normale klassische Physik. Er hat etwas mit Instabilitäten zu tun, die zu hohen Empfindlichkeiten führen, sonst würde der kleine Effekt nicht eine so große Wirkung haben."

„Sonst schaukelt sich die Sache nicht auf."

„Eben. Sonst bekomme ich nicht diese lawinenartige Verstärkung."

„Aber wie komme ich nun zu dieser anderen, ganz und gar nicht mehr materiell zu denkenden Art des Zusammenhängens von allem mit allem? Um das zu verstehen, muss ich wahrscheinlich erst einmal ganz woanders ansetzen."

„So ist es."

Die Sonne ist etwas tiefer gesunken. Kleine weiße Wolken sind aufgezogen. Ein leichter Wind bewegt die pinseligen Nadelbüschel der Pinien. Das Meer wird blauer. Mir fällt eine Stelle aus der Autobiographie von Werner Heisenberg ein. Niels Bohr sagt dort einmal über seine Landsleute: „Wenn wir über das Meer hinausschauen, so glauben wir, damit einen Teil der Unendlichkeit zu ergreifen."

Nach einer Weile fährt Dürr fort: „Wenn ich die Welt unter dem Gesichtspunkt des Manipulierens betrachte, dann erscheint

* Veranschaulichendes Bild aus der Chaostheorie: Auch der Flügelschlag eines Schmetterlings im fernen China kann, weil alles mit allem zusammenhängt, vor allem aber, weil kleine Ursachen durch Verstärkung große Wirkungen haben können, auch Einfluss haben zum Beispiel auf das deutsche Wetter.

sie mir letzten Endes als ein großer Mechanismus. Nur ich, der damit bewusst umgeht, ich bin etwas anderes. Weil ich mich selber als frei handelnd erlebe, komme ich dann aber auf die Idee: das mit dem Mechanismus kann doch nicht alles sein."

Ich wende ein, dass ein Materialist versuchen würde, auch dieses Erlebnis noch mechanistisch zu erklären.

„Ja, das ist klar. Die Materialisten sagen ja: alles ist mechanistisch zu erklären. Aber dann müssen sie eigentlich zugeben, dass dann der ganze Witz raus ist aus der Sache. Was soll dann das Ganze?"

Diese zwei Sätze machen mich besonders aufmerksam. Der Witz – oder, so kann man wohl übersetzen: der Sinn – in der Sache, also wohl: im gesamten Weltbild, ist, anders kann ich diese Äußerung nicht verstehen, etwas, das letzten Endes nicht hinterfragt werden kann und das unverzichtbar ist. Also auch im Weltbild eines Quantenphysikers gibt es Sinn. Und dieser Sinn ist, so verstehe ich Dürr, dem *frei* Handelnden unmittelbarer verständlich und zugänglich als dem Begreifenden. Der frei und absichtlich Handelnde orientiert sich an einer Welt, die anders ist als die Welt, die ‚es gibt', und die ihm Orientierung ermöglicht.

Nach dieser Einleitung möchte ich die angesprochenen Zusammenhänge nun aber etwas mehr aus der Nähe betrachten. Zunächst fährt Dürr gut gelaunt und lächelnd fort mit Betrachtungen über materialistisches Denken.

„Auch heute sind ja noch die meisten überzeugt, dass die mechanistische Betrachtungsweise wenigstens für die materielle, die nichtbelebte Welt gilt. Für die Tiere wird's dann ein bisschen wacklig. Allerdings sagen auch viele der größten Materialisten heute: Wir nehmen doch den Menschen raus aus der mechanistischen Erklärung, weil sie einfach Schwierigkeiten haben, ihre eigene Genialität dann genügend gewürdigt zu sehen.

Gut, die Gehirnforscher sagen, wir können alle bewussten Vorgänge auf die Maschine übertragen. Aber damit ist noch nicht viel gewonnen. Der springende Punkt ist doch, dass die ganzen Überlegungen, ob auch der Mensch noch mechanistisch interpretiert werden kann oder ob er von diesen Erklärungen ausgenommen werden soll, in sich zusammenfallen, weil wir feststellen: Nicht einmal dieser Stein hier zu meinen Füßen lässt sich materialistisch, mechanistisch erklären. Wo sollen wir jetzt noch einen Schnitt machen und sagen: Bis dahin erkläre ich alles mechanistisch, und von dort an irgendwie anders?"

Wie ist das also mit dem Stein?

„Wie wir schon gesehen haben", beginnt Dürr nun, „haben wir Menschen immer die Angewohnheit, etwas auseinander zu nehmen, wenn wir es besser verstehen wollen. Wir suchen zunächst nur die Antwort auf die Frage, was die Bestandteile sind. Darauf bekommen wir keine schlüssige Antwort und werden immer neugieriger. Wir nehmen die Teile weiter auseinander, sie werden dabei, wenn wir Glück haben, kleiner und kleiner. Aber die Stücke, die übrig bleiben, werden auch einfacher und uninteressanter."

„Sie haben also immer weniger Eigenschaften ...?", frage ich nach und schaue auf die vielen einzelnen Sandkörner vor mir, die mir als einzelne nichts mehr sagen über die Abdrücke nackter Menschenfüße, die an dieser Stelle durch den Sand gelaufen sind und deren Umrisse ich noch deutlich erkenne.

„Ja", meint Dürr, „die Teile haben immer weniger Eigenschaften. Manche Eigenschaften ändern sich eine ganze Weile erst einmal nicht mehr. Ich stelle zum Beispiel fest, es gibt hell gefärbte und dunkel gefärbte Teilchen, wenn ich die dunklen zerteile, verändert sich an der Farbe nichts mehr, sie bleiben gleich, die hellen genauso. Wenn ich also die größeren Sandbrocken weiter zerkleinere, habe ich am Schluss die Sandkörner, so wie die Steine zerrieben worden sind von den

Bewegungen der Erdoberfläche und vom Meer. Von Ferne sieht der Sand gleichfarbig aus, aber wenn ich eine Handvoll Sand nehme, dann sehe ich, dass die verschiedenen Farben doch noch da sind."

Wenn man nun mit den zur Verfügung stehenden groben Hilfsmitteln den Sand nicht mehr kleiner kriegt als bis zu irgendwelchen winzig kleinen Sandkörnchen, dann könnte man auf die Idee kommen, alle Materie sei aus solchen winzig kleinen Körnchen zusammengesetzt. Und so stellte man sich das ja auch in der Vergangenheit vor.

„Man hat natürlich gesehen", erinnert Dürr, „dass die einzelnen Bestandteile von Steinen, Quarz, Eisen und so weiter verschiedene Eigenschaften haben. So kam man dann auf die chemischen Stoffe und deren Elemente."

„Aber Demokrit hatte schon weiter gedacht."

„Ja, er vermutete ja, dass letzten Endes alles aus denselben Grundbausteinen, den Atomen, aufgebaut sei. Für ihn war diese Vorstellung nicht so schwierig, weil er die große Vielfalt der Materie gar nicht so gesehen hat. Er hat sie eben auch bis zu einem ganz feinen Sand zerrieben, bei dem die Bestandteile nicht mehr zu unterscheiden waren und dann als gleich erachtet wurden. Für ihn war das Atom doch wie ein kleines eigenschaftsloses Sandkorn."

„Natürlich hat auch Demokrit Milch gekannt, und Wasser, und Blut ...", gebe ich zu bedenken.

„Dort hat er sich dann die Teilchen wohl als fließend vorgestellt. Sand, besonders feiner Sand, fließt ja auch in einem gewissen Sinne. Eine Frage hat aber sehr viele Generationen danach immer wieder beschäftigt: Warum hört dieses Zerteilen irgendwann auf, warum kann man Dinge mit geeigneten Instrumenten nicht immer weiter teilen? Warum soll es irgendeine Grenze geben, also wirklich so ein Atom, das man nicht mehr zerlegen kann? Dann entstanden verschiedene Vorstellungen, die etwa besagten: Um etwas aufzutrennen, muss ich auch Kraft aufwenden. Vielleicht sind die Atome einfach zu hart, um von einer irdischen Kraft aufgebrochen werden zu können? Newton zum Beispiel stellte sich die Atome wie Materiepunkte vor, die nicht nur beliebig klein, sondern auch beliebig hart sein sollten. Dieses aber brachte dann das Problem mit sich: Wie können Materiepunkte dann überhaupt einen Raum füllen?"

„Das sind", fährt Dürr nach einer Weile fort, „zwei verschiedene Gedanken, die aber früher lange Zeit nicht als so verschieden voneinander gedacht wurden.

Nun kannte man aber die Elemente der chemischen Stoffe und stellte schließlich die Hypothese auf, dass die unterschiedlichen chemischen Elemente aus verschiedenartigen Atomen aufgebaut sind. Damit stellte sich die Frage, warum bleiben die verschiedenen Atome eigentlich immer dieselben? Eisenatome bleiben immer Eisenatome. Warum gibt es verschiedene Strukturen in der Natur, die ihren Charakter immer beibehalten? Als man so weit mit dem Erkennen und Fragen gekommen war, haben sich zwei Richtungen in der Wissenschaft entwickelt. Die ‚Stoff-Leute' haben sich interessiert für die chemischen Eigenschaften der Materie. Und den anderen war es ganz egal, was für besondere Qualitäten ein Stoff hat, sie wollten einfach mit den mechanischen Eigenschaften herumexperimentieren. Und dann fing die große Überraschung an. Galilei stellte fest, Stein, Holz, Kupfer, Erde verhalten sich, zum Beispiel, was ihre Fallbewegung auf der Erde betrifft, alle prinzipiell gleich. Bei aller Verschiedenheit muss also doch alle Materie etwas Gemeinsames haben.

Viel später kam die Erkenntnis dazu: Die Atome haben eine endliche Größe und können von radioaktiver Strahlung durchquert werden. Sie haben eine Innenstruktur, und was bei ihnen undurchdringlich bleibt, ist gar nicht so schön gleichmäßig über das Atom verteilt. Die Materie sitzt hauptsächlich in einem winzig kleinen Bereich, hunderttausend mal kleiner als das Atom, das im übrigen eine materiearme Wolke ist. In der Vorstellung von Rutherford und Bohr ist das

Atom eine Art Mini-Planetensystem. Um einen elektrisch positiv geladenen, schweren Atomkern kreisen, von den elektrischen Kräften angezogen, ein oder mehrere elektrisch negativ geladene, leichte Elektronen und bilden eine ‚luftige' Atomhülle. Als man diese Struktur herausgefunden hatte, war man einigermaßen überrascht. Man dachte: Die Welt hat vielleicht gar keine kleinsten Teilchen, sondern hat eine Art Matrjoschkastruktur* mit einem Planetensystem als Puppe, zum Großen und Kleinen hin in unendlicher Folge ineinander verschachtelt. Wäre dann das Elektron ein Analogon der Erde?

Aber das konnte so nicht stimmen, denn unser Planetensystem wird durch Schwerkraft zusammengehalten, das Atom dagegen durch elektrische Kräfte, die der Gravitation ähnlich, aber dann doch anders sind. Das war ein Problem. Betrachtet man zum Beispiel einmal das einfachste Atom, das des Wasserstoffs, mit nur einem einfach positiv geladenen schweren Kern, einem sogenannten Proton, der die Hauptmasse trägt, und mit einem einzigen leichten, negativ geladenen Elektron in der Hülle: Was hindert dieses Elektron daran, schlicht und einfach in den Kern hinein zu fallen, von dem es doch angezogen wird? Dieses Problem stellt sich zunächst auch bei den Planeten, zum Beispiel unserer Erde. Aber die Erde kann nicht in die Sonne fallen, weil sie die nach außen gerichtete Zentrifugalkraft daran hindert, die von der schnellen Kreisbewegung herrührt. Um diese zu vermindern, müsste eine Bremse wirken, die es aber im leeren Weltenraum nicht gibt, weil im Vakuum keine Reibung vorkommt, die Energie als Wärme abführt. Elektronen sind Teilchen, die elektrische Ladung tragen. Rotierende elektrische Ladungen strahlen aber Licht ab. Dies sollte deshalb zur Folge haben, dass die Elektronen durch Abstrahlung Bewegungsenergie verlieren, ihre schwerkraft-

* In Anlehnung an die russischen Holzpüppchen, von denen eine größere jeweils eine kleinere enthält.

widersetzende Zentrifugalkraft einbüßen und auf einer Spiralbahn in den Kern stürzen."

„Aber es ist nicht so."

„Nein, selbstverständlich nicht, die Atome sind ja stabil."

„Und darüber hat man sich gewundert?"

„Darüber hat man sich sehr gewundert, weil aufgrund der bekannten Physik ein solches System einfach nicht stabil sein konnte. Aber es dauerte nicht lange, dann hat Niels Bohr mit einem Kunstgriff einen Weg aus der Sackgasse gewiesen. Um die Jahrhundertwende wurde die Quantentheorie geboren, die eine eigentümliche Quantelung der Energie aufzeigte. Niels Bohr ignorierte dann einfach die klassische Forderung der Lichtabstrahlung für eine besondere Klasse von Bahnen der Elektronen um den Atomkern und deklarierte sie ohne Begründung als strahlungsfrei und stabil. Diese ausgezeichneten Bahnen waren Kreisbahnen, später auch Ellipsenbahnen, auf denen die Elektronen eine Energie erlangten, die ‚gequantelt' war."

„Aber es gibt doch Elektronen, auf anderen Bahnen, die strahlen durchaus Licht ab".

„Die äußeren Bahnen, deren Energie höher ist, sind nicht ganz stabil. Das Elektron versucht von dort immer auf jeweils tiefere Bahnen hinunterzuspringen und strahlt dabei dann Licht mit einer Energie aus, die der Differenz der Energie von Anfangs- und Endbahn entspricht. Erst auf der unteren Stufe, der energieärmsten Bahn, strahlt es nicht mehr, und nur in diesem Grundzustand sind dann die Atome wirklich stabil.

Aber dieses Springen gelingt einem Elektron nicht zu festen Zeiten, sondern in Zeiten, die jeweils nur mit einer gewissen Wahrscheinlichkeit bestimmt sind. Es kann sehr lange ‚oben' herumlaufen und dann plötzlich hinunterspringen und Licht abstrahlen, oder es tut es gleich, ohne großes Zögern. Fest steht jedoch, dass nach Ablauf einer bestimmten Zeit, der

Halbwertszeit, die Hälfte der Elektronen gesprungen sein wird, ein Maß gewissermaßen für ihre mittlere Lebensdauer im Ausgangszustand. Wann der Sprung im Einzelfall genau geschieht, lässt sich prinzipiell nicht voraussagen. Dieser Umstand spiegelt nicht etwa eine noch verborgene ‚physische' oder gar ‚psychische Verfassung' des Elektrons wider. Hier offenbart sich eine prinzipielle *Unschärfe*, die der Quantenphysik eigen ist."

„Von Unschärfe ist hier doch auch immer noch in einem anderen Zusammenhang die Rede?"

„Ja, Unschärfe zeigt sich auch dann, wenn wir so ein subatomares Teilchen zu ‚fassen' bekommen wollen. Es ist uns prinzipiell nie möglich, seinen Ort und seinen Impuls, also seine Geschwindigkeit, gleichzeitig zu bestimmen. Wenn ich eines von beiden genau messe, verschwimmt das jeweils andere. Ich kann immer nur entweder Ort oder Impuls messen, aber nie beides zugleich bekommen."

„Wenn das Teilchen nun unten angelangt ist, dann bleibt es auch da. Wo kommen aber die anderen her, die oben sind?"

„Ich schmeiße sie wieder rauf."

„Schmeiße?"

„Das heißt, ich erhitze den Stoff, führe ihm Wärme zu, erhöhe also die Geschwindigkeit dieses ganzen Atomgewimmels. Wenn zwei Atome zusammenstoßen, dann bekommt unser Elektron mehr Energie und wird wieder auf eine höhere energiereichere Bahn angehoben und zack, zack, zack beginnt es, wieder herunterzufallen. Wenn ich einen Stoff erhitze, leuchtet er ja. Das Leuchten bedeutet immer, dass durch Energiestoß hochgeworfene Elektronen wieder herunterfallen, aber sie springen in einem großen Sprung oder stufenweise herunter.

Die Elektronen springen also ständig herunter und werden durch den Energiestoß wieder nach oben gehoben, solange ich zum Beispiel ein Gas erwärme. Und so lange entsteht dann auch Licht. Aber der Ausstrahlungsmechanismus hat nichts mit der Rotation der Elektronen um den Kern zu tun, sondern mit diesem Sprung."

Die Elektronen haben also – und das war eine umwerfende Entdeckung – eine Art Freiheit, die bei großer Anzahl der Springvorgänge eine Beschreibung in der Sprache der Wahrscheinlichkeit zulässt. Diese Freiheit bezieht sich nur auf den Zeitpunkt des Springens des Elektrons. Sie bezieht sich nicht auf die Frage, ob es überhaupt runterfällt. Es fallen nämlich alle herunter, früher oder später. Das heißt, die Elektronen haben einen Spielraum, aber der ist sehr klein. Ihre ‚Freiheit' liegt nur in dem Zeitpunkt: wann sie das tun, was sie tun können. Alle befinden sich in einem instabilen Zustand, bis auf das, das bereits auf der niedersten Bahn ist. Merkwürdig ist nun aber, und darüber, sagt Dürr, haben sich alle gewundert: Warum fällt das Elektron in der niedersten Bahn nicht noch weiter hinunter bis in den Atomkern hinein? Die niederste Bahn ist ja nicht der Mittelpunkt. Warum bleibt es vorher hängen?

„Für Bohr", sagt Dürr, „waren die strahlungsfreien Elektronenbahnen ein Kunstgriff, nicht eine Erklärung. Warum die niederste Bahn dann nicht im Kernmittelpunkt war, dies benötigte einen zweiten Kunstgriff. Auch hier wieder hatte Bohr gesagt, er verstehe das nicht, aber so sei es halt. Und dann kam Louis de Broglie ein Jahrzehnt später dazu und hat die Einsteinsche Entdeckung sozusagen umgedreht. Nachdem Einstein zuvor festgestellt hatte, dass das Licht sich nicht nur, wie bei Planck, wie ein Quantum – daher die Quantentheorie –, sondern auch wirklich gequantelt wie ein Teilchen, also als etwas Lokalisiertes, verhalten kann, fragte sich de Broglie: Könnte das Elektron nicht auch eine Welle sein? Ja, stellte er fest, die Gestalt der innersten Bahn ist genau so beschaffen, dass darin gerade noch eine halbe Welle zum Schwingen Platz findet."

„Also ein Wellenberg oder ein Wellental."

„Richtig, ein einziger Wellenbauch, wie die Grundschwingung einer eingespannten schwingenden Saite. Er sagte also, das Elektron geht gar nicht herum ..."

„Die Welle steht ..."

„Ja. Die Welle ist eine stehende Welle, ähnlich den Wellen draußen auf dem Meer an windstillen Tagen, die sich nicht, wie etwa Brandungswellen, fortbewegen. Und eine elektrische Ladung, die sich nicht bewegt, die strahlt auch nicht. Ich habe sozusagen eine stehende, pulsierende Elektronwolke mit Knotenflächen, wo nichts schwingt, die vielgestaltig symmetrisch um den Atomkern herumhängt. Da rotiert nichts mehr. In diesem Bild können wir nichts mehr mit der Vorstellung eines Teilchens anfangen."

„Wenn wir den Ausdruck ‚Runterspringen' gebrauchen, legen wir natürlich wieder die Vorstellung eines Teilchens zugrunde."

„Aber das ist das alte Bild. Das neue Bild der Quantenphysik hat mit Teilchen im alten Sinne nichts mehr zu tun. Wenn ich sage, ein Teilchen ist in einer oberen, energiereicheren Lage, dann heißt das nur: Ich habe eine stehende Welle, die eine höhere Anregung hat, und diese stehende Welle schrumpft auf einmal zusammen in einen Zustand schwächerer Anregung, und durch diese Veränderung wird eine Ladung verschoben und diese erzeugt jetzt die Lichtwelle."

Ich schaue aufs Meer hinaus und sehe, wie ein aufkommender kleiner Wind die Pinien sanft bewegt. Der Wassersaum zu meinen Füßen kräuselt sich. Verstehe ich, was Dürr da sagt? „Sie sagen, die äußere Welle hat eine höhere Anregung. Heißt das, dass sie mehr Wellenberge hat?"

„Ja, richtig."

„Sie hat also nicht nur einen, wie im inneren Kreis, sondern sagen wir mal vier. Es verwandelt sich dann also zum Beispiel eine Welle mit vier Wellenbergen zu einem Zeitpunkt, den wir nicht kennen, in eine Welle mit nur einem Wellenberg. Und das ist das, was man früher, als man noch an Teilchen dachte, Runterspringen genannt hat."

„Ja, so ähnlich ist es. Und durch diese Veränderung wird eine neue Welle erzeugt und die nennen wir Lichtwelle. Diese wird ausgestoßen. Sie nimmt sozusagen die zusätzlichen Wellenberge mit."

„Also in unserem Fall würden dann drei Wellenberge plötzlich verschwinden?"

„Ja. Es hat mit den Wellenbergen eigentlich nichts zu tun, es hat mit den Frequenzen zu tun. Aber man kann schon ungefähr von dieser Vorstellung ausgehen."

Die Horizontlinie des Meeres sieht aus wie eine Schicht hellblauen Puders, wie Blütenstaub. Ein blauer Strich aus Blütenstaub, der so schnell verschwindet, wie er gekommen war.

Er spricht also von ‚Elektronwolken', die schrumpfen, wenn Licht abgestrahlt wird. ‚Wolke' ist für mich ein anschauliches Bild. Ich stelle mir angeregte Atomkerne vor, umgeben von ‚Wolken', die in jedem Augenblick gewissermaßen schwanger sind mit einer bestimmten Wahrscheinlichkeit, jeweils jetzt oder jetzt oder jetzt zu schrumpfen und dabei Licht abzugeben. Wellenhafte Wolken, die zu nicht voraussagbaren Zeitpunkten ihren Zustand ändern, das ist also das unscharfe Bild von ‚Freiheit' auf dem alleruntersten Niveau.

Nun möchte ich aber noch wissen, ob es dann, wenn eine Welle mit vier Bergen sich in eine mit einem Berg verwandelt, Zwischenstufen gibt oder ob das mit einem Schlag passiert und man wie beim Zaubern nicht sieht, was dazwischen geschieht? Ja, Dürr stimmt mir zu, so ist es, das eine geht in das andere über mit einem Schlag.

All dies kann man ja noch verstehen. Aber bislang habe ich vermieden, mich zu fragen: Was heißt hier Welle? Was wellt eigentlich? Offenbar ist es etwas, das überhaupt keinen

Träger hat. Dürr tröstet meine Ratlosigkeit mit dem Hinweis, dass dies ja schon für das Licht gilt und dass auch de Broglie die Antwort auf diese Frage nicht gewusst hat:

„Er hat einfach gesagt, ich stelle mir das so vor wie eine Welle. Nehmen wir einmal die elektromagnetischen Wellen: Am Horizont steht die Sonne. Von ihr kommt uns Licht entgegen. Ja, was ist denn das? Das ist eine Welle, die keinen materiellen Träger hat. Wir Physiker verstehen das aber nicht im landläufigen Sinne. Früher hat man sich das verständlich zu machen versucht, indem man sich das Vakuum nicht wirklich als ein Vakuum, als das absolut Leere, vorgestellt hat, sondern als angefüllt mit einem Äther, einer feinstofflichen Materie. Aber Einstein hat aus seiner Relativitätstheorie gefolgert, dass es so einen Träger nicht geben kann. Wir müssen uns also eine Lichtwelle als eine Schwingung ohne Träger denken. Das fällt uns schwer. Die Schwingung in unserer Vorstellung orientiert sich an einer schwingenden Saite oder einer Wasserwelle, die durch örtliche Auslenkungen von einer Normallage charakterisiert sind. Was soll aber eine Auslenkung ohne Saite oder Wasser bedeuten?"

„Was meinen Sie mit Auslenkung? Eine Art Beule nach oben oder unten?"

„Ja, Welle bedeutet so etwas wie Ausbeulung in irgendeiner Form, die im Fall des Lichtes mit der Stärke des elektromagnetischen Feldes zusammenhängt. Bei einer Wasserwelle variiert die Höhe des Wasserteilchens, beim Licht etwas Ungreifbares, nämlich die Stärke eines Doppelfeldes, eines Feldes mit elektrischen und magnetischen Eigenschaften. Bei einer schwingenden Saite oder beim wellenden Wasser gibt es eine materielle Auslenkung. Bei der elektromagnetischen Welle ist das, was anwächst oder abschwillt, eine elektrische und magnetische Feldstärke, also etwas ganz Immaterielles."

Wir versuchen, damit vergleichbare Erfahrungen zu finden, und uns fallen Intensitätswellen ein, zum Beispiel Fieberwellen oder Wellen der Freude oder des Schmerzes, die in verschiedenen Intensitätsgraden, an- oder abschwellend, kommen und gehen können. Natürlich ohne diese Regelmäßigkeit.

Dürr sieht unsere Vorstellungsschwierigkeiten in diesem Bereich darin begründet, dass wir Form alleine, ohne materiellen Träger, nicht denken können. Für uns ist Form immer geformte Materie. Aber wir sind ja in ein neues Zeitalter eingetreten. Wir können schon ahnen, dass Information auch etwas Materieunabhängiges ist. Obwohl das Wort Information ja bedeutet: Einprägung der Form in die Materie. Aber es gibt etwas, das zumindest keinen bestimmten Träger braucht und sich deshalb von ihm abstrahieren lässt, wodurch man sich dem Gemeinten wenigstens anschaulich nähern kann. Er fordert mich auf, mir zunächst eine altertümliche Schallplatte vorzustellen, auf der in Form einer spiraligen Rille zum Beispiel die Matthäuspassion mechanisch eingefräst ist mit ihrer wundervollen, hoch differenzierten Klangfülle, die nur ein großes Orchester mit vielen Instrumenten, ein vierstimmiger Chor und mehrere Solisten hervorbringt. Die Besonderheiten dieser Musik, etwa der Klang einer Oboe oder eine Sopranstimme, sind dabei nicht an irgendwelchen Stellen auf der Schallplatte deponiert, sondern werden auf ihr in Gestalt einer materiellen Linienstruktur aufbewahrt. Wenn ich die Platte abspiele, wird über einige Zwischenstufen, wie elektrische Ströme, Verstärker, Lautsprecher, schließlich in der Luft eine Schallwelle erzeugt, die in ihren Dichte- und Druckschwankungen diese Gestalt übernimmt. Dieselbe Form erreicht mein Ohr, die Häute und Knöchelchen im Ohr fangen an zu schwingen und so verwandelt sich das Ganze in ein Schwingungsmuster im Innenohr und schließlich in ein entsprechendes Muster in meinem Gehirn, das uns auf rätselhafte Weise die Matthäuspassion hören lässt. Bei allen diesen Verwandlungen ändert sich immer wieder der materielle Träger, die Form aber bleibt dieselbe. Bei einer CD erscheint diese

Verwandlung noch mysteriöser. Hier steht am Anfang keine mechanisch eingeprägte Rille, sondern nur digital eine Abfolge von Nullen und Einsen, die von einem Laserstrahl anstelle der Nadel abgetastet und abgelesen werden. Zu beachten ist auch, dass die Musik am Anfang irgendwo beim Musiker da ist und dann erst wieder beim Hörer erscheint. Die Musik wird vom Menschen in eine Gestalt verschlüsselt und aus der Gestalt wieder entschlüsselt.

„Und jetzt", fordert mich Dürr auf, „stellen Sie sich vor, was die Matthäuspassion bedeutet, bewirkt, welches Erleben sie auslöst – ohne dass Sie sich den materiellen Träger vorstellen!"

Auf einmal spüre ich deutlicher als zuvor die große Stille, die uns hier umgibt. Nur ein leises Knistern in den sonnenerwärmten Nadelbäumen und in den Kräutern. Und ab und zu das wässrige Flimmern des nie ruhenden Meeres.

Wir haben uns einem Bereich genähert, in dem uns die Worte fehlen. Unsere Sprache ist eben, wie Dürr immer wieder betont, am Be*greifen* orientiert. Wir haben aber eine Möglichkeit, mit diesem Manko zurechtzukommen, die wir einerseits als Notbehelf, zugleich aber als sehr erregend empfinden, weil sie es uns ermöglicht, über das bereits Selbstverständliche hinauszugreifen. Diese Möglichkeit ist die bildhafte Verwendung der Sprache. Kann man denn nur das denken, was sprachlich gefasst werden kann? Dürr ist der Ansicht:

„Es gibt ganz bestimmt einen Prozess, der sich in mir abspielt, der Struktur hat, den man vielleicht Denken nennen kann und der noch nicht die Eigenschaften hat, Dinge benennen zu können."

„Das geht ja bereits aus einer Äußerung hervor wie: Ich kann nicht sagen, was ich eigentlich meine."

„Ja, oder: Wie soll ich es ausdrücken?"

„So etwas würde nicht geschehen, wenn da nicht noch ein Bereich wäre jenseits der in Sprache gefassten Vorstellung."

„Richtig. Wir können, indem wir etwas erleben, was wir nicht begreifen können, über etwas reden, was wir nicht benennen können."

„Und über das reden wir jetzt. Das ist die Welt der Neuen Physik."

„Und über das reden wir jetzt. Und dieses Etwas kann schwingen. Was ist der Grund für die Schwingungsmetapher? Es kann einem ja komisch vorkommen, dass man die Welle so wichtig nimmt. Aber in der Schwingungsmetapher steckt etwas ganz Tiefes. Es hat nämlich damit zu tun, dass die Welt, die wir begreifen, die normale Logik hat des Entweder/Oder, Ja oder Nein, Null oder Eins, Richtig oder Falsch. Ein Drittes gibt es nicht. Wenn etwas nicht richtig ist, dann muss es falsch sein, wenn etwas falsch ist, kann es nicht richtig sein."

„Hegel hat sich da ja schon herangearbeitet mit seiner Dialektik, dass es so schlicht wohl nicht immer zugeht."

„Ja. Aber die Dialektik ist hierarchisch. Die Schwingung ist eine Metapher für eine andere Logik. Sie sagt, es gibt im Grunde nicht das Entweder/Oder, sondern ein Sowohl-als-auch. Und die Schwingung symbolisiert das Sowohl-als-auch. Die Welle ist etwas, das zwischen allen Möglichkeiten hin- und herpendelt."

Mit der Welle der Quantenphysik ist also im Grunde kein schwingendes *Etwas* mehr gemeint, sondern ein ‚Erwartungsfeld', eine Art Potentialität, die angibt, wie wahrscheinlich in Zukunft ein reales Ereignis auftreten kann. Es bezeichnet *nicht* die Realität des Zukünftigen selbst – die Zukunft ist wesentlich offen –, sondern es ist nur ein Art offener Wunschtraum, eine Vorahnung des zukünftig Möglichen, ja mehr noch ‚Wille', Potenz, das Mögliche zukünftig zu gestalten.

Wirklichkeit ist im Grunde Potentialität, nicht Realität. Das eine, unauftrennbare, potentielle Wellengebirge, einem Weltmeer gleich, kann sich aber so überlagern, dass das Gewoge sich nur an wenigen Stellen addiert, sich konstruktiv überlagert und sich im Übrigen, durch destruktive Interferenz, zu Null, einer glatten See, herausmittelt. So entsteht am Ende die Realität als Ergebnis eines grandiosen ausmittelnden Überlagerungseffektes.

In der Neuen Physik hängen Dinge eng zusammen, die im Bild der Alten Physik absolut getrennt sind. Im Bild der Neuen Physik gibt es nie etwas, das total getrennt ist vom anderen. Das Wellenbild, das Schwingungsbild, ist das, was übrig bleibt, wenn wir alle begreifbaren Vorstellungen als untauglich hinter uns gelassen haben. Am Grunde der Wirklichkeit finden wir eine mathematisch präzise formulierbare Unbestimmtheit, die wir uns unter dem Schwingungsbild vorstellen. Diese schwingende Unbestimmtheit ist eine physikalische Wirklichkeit. Sie ist prinzipiell gegeben, während Unbestimmtheit gewöhnlich ja als Mangel an Bestimmtheit oder Unkenntnis und damit als bloß subjektives Unvermögen gedeutet wird. Das Schwingungsbild ist das Bild des Sowohl-als-auch anstelle des Entweder/Oder. Diese Erkenntnis gilt zunächst im subatomaren Bereich. Da aber die ganze Welt auf diesem gründet, gilt dies auch allgemein für alle Erscheinungen unserer objektivierten Welt, die in diesem Untergrund wurzeln und darauf zurückgeführt werden können, wenn sie sozusagen wieder in diesen Untergrund zurückfallen. Der Untergrund, das sind schwingende Wellen, die mit der Möglichkeit und der Wahrscheinlichkeit des Auftretens von Dingen zusammenhängen.

In mir breitet sich ein leicht verschwommenes Gefühl aus. Aber Dürr verteidigt die moderne Physik gegen den Eindruck der Verschwommenheit:

„Die moderne Physik ist nicht so, dass sie nur verschwommen schwafelt und nicht imstande ist, feste Aussagen zu machen. Wir können sehr genau rechnen. Wir können auch Aussagen machen, dass dieses oder jenes geschieht, zum Beispiel gilt eine strenge zeitliche Unveränderlichkeit der Energie.

Die wesentlichen Konsequenzen der neuen Betrachtungen sollten für alle, auch den Nichtphysiker, sein, dass wir Wahrnehmungen zulassen, die von einer allgemeineren Art sind als die, an die wir uns durch unsere objektive Sprechweise gewöhnt haben. Auf was es ankommt, ist darauf aufmerksam zu machen, dass wir so, wie wir die Welt betrachten, mit enorm vielen Vorurteilen an sie herantreten, ohne zu wissen, dass wir diese Vorurteile haben. Aber diese Vorurteile sind nicht einfach willkürlich. Sie haben sich entwickelt, weil sie lebensdienlich sind. Das heißt, es ist in den meisten Fällen zweckmäßig und hoch vernünftig eine solche Auswahl zu treffen. Es ist aber unvernünftig, zu glauben, es gäbe nichts anderes als das. Und insbesondere, wenn ich die Welt *verstehen* möchte und nicht nur einfach in ihr *überleben* will, ist es ein guter Hinweis, nicht nur das ernst zu nehmen, was für unser Überleben wichtig ist.

Vergessen wir also einmal das Greifen und Begreifen! Wie aber kann ich mich in einer solchen offenen Welt überhaupt noch orientieren? Ich habe hier den Himmel und die Erde und den Baum. Ich kann doch nicht einfach alle festen Grenzen auflösen und sagen: die gibt es gar nicht, ich ersetze überall Entweder/Oder durch Sowohl-als-auch. Warum gibt es denn in der großen Wirklichkeit unsere reale Alltagswelt und unsere Lebenswelt, in der die Entweder/Oders gelten oder in etwa zu gelten scheinen?

Das hat mit dem großen Zusammenspiel der Potentialitätswellen, mit der Selbstorganisation der Wirklichkeit zu tun und ihren zu erwartenden wahrscheinlichen oder unwahrscheinlichen Realisierungen. Hier ist vor allem die Option des totalen Ausmittelns gegeben, das zu den realen unbelebten Erscheinungen führt, aber auch die interessante Option eines

Aufschaukelns zu gänzlich Unwahrscheinlichem, was reale Lebensformen und auch uns Menschen hervorbringen kann."

„Wie soll das gehen?", fährt Dürr nach einer Weile fort. „Wenn etwas offen ist und man lässt das Offene mit sich selbst spielen, dann wird es doch noch offener, noch unbestimmter? Das klingt richtig, wenn offen so viel wie willkürlich heißt. Obgleich man dann nicht versteht, warum man das schon Willkürliche noch willkürlicher machen kann. Aber in unserem Fall haben wir es ja nicht mit Willkür, sondern mit hochkorrelierten Sowohl-als-auchs zu tun, welche beim wellenartigen Zusammenspiel sich nicht nur verstärken, sondern auch abschwächen können. Wenn also in diesem Fall alles mit sich spielt, kann auch passieren, dass sich alles wechselseitig aufhebt und auslöscht. So kann ja auch Licht bei Überlagerung nicht nur mehr Licht, sondern auch Dunkelheit und damit so etwas wie Trennung ergeben. Weil in Zukunft das Wahrscheinlichere wahrscheinlicher passiert, bleibt in der Regel praktisch nichts mehr übrig. Das ist wie beim Würfeln mit vielen Münzen, die statt Kopf und Zahl ein ‚plus eins' und ‚minus eins' tragen, wo die geworfene Summe praktisch immer Null ergeben wird, weil das Positive und Negative gleich oft vorkommt. Und das kriege ich nicht, wenn ich Sand mit Sand überlagere. Dann kriege ich hinterher immer einen Haufen, weil der Sand eben immer zwischen Null und eins ‚wackelt' und nicht zwischen minus eins und plus eins. Auf solche oder ähnliche Weise entsteht durch solche Überlagerungen aus vielen Sowohl-als-auchs ein mehr oder weniger striktes Entweder/Oder. Also das, was sozusagen überlebt bei all diesen Überlagerungsprozessen, das ist das, was wir sehen, was wir hinterher als Realität* anfassen. Und diese kann sich dann in zwei recht verschiedenartigen Formen zeigen, als Materie oder auch als Strahlung, als energietransportierende klassische Wellen, wie das Licht oder anders-frequente elektromagnetische Wellen.

* Realität von lat. res = das Ding, die Sache

Bei der lebendigen ‚Materie', beim Lebendigen, wird die völlige Durchmischung durch Instabilitäten, die nur dynamisch stabilisiert werden, aufgehoben, so dass die Offenheit im Grunde bis in unsere Lebenswelt vorstoßen kann. Das sind bisher nur Vermutungen, die noch erhärtet werden müssen. Sie könnten aber eine prinzipielle Möglichkeit eröffnen, die tiefe Kluft zwischen dem Lebendigen und dem Toten zu schließen.
Durch unsere fantastische Schulausbildung ist uns ja alles ausgetrieben worden, was nicht in das Ja-Nein-Schema des Entweder/Oder passt. Wir geben allem einen Namen, wir benennen es, wir verwenden die zweiwertige Logik, wir trimmen alles zurecht, und was darüber hinaussteht, schneiden wir einfach ab und sagen: Das kann doch nicht so wichtig sein, weil es so unzuverlässig ist."

„Das ist ja auch einer der Gründe, weshalb wir uns hier darüber unterhalten ..."

„Ja, wir sagen, wir sollten die offenen und ‚unzuverlässigen', wir könnten vielleicht auch sagen ‚lebendigen' Prozesse zulassen und – das ist wichtig – es bedeutet nicht, dass wir am Ende im Chaos landen."
Die unendlichen Schwingungen ‚spielen' also miteinander und erzeugen eine begreifbare Welt, die nach der Logik des Entweder/Oder begreifbar ist. Diese Entweder/Oder-Welt ist aber nicht die eigentliche. In dieser, der eigentlichen Wirklichkeit, die allem zu Grunde liegt, gilt: etwas ist zugleich es selbst und, in je gewisser Hinsicht, auch sein Gegenteil. Wo gilt das Entweder/Oder und wo das Sowohl-als-auch? So, wie bei Hegel, sagte Dürr ja, funktioniert es nicht, weil seine Dialektik, These-Antithese-Synthese, hierarchisch ist. Und das, was die Physiker hier entdeckt haben, ist eben ganz und gar nicht hierarchisch.

„Die Dialektik", wendet Dürr noch ein, „besteht ja darin, dass man bei jedem Schritt immer eine Ebene höher geht."

„Bei Hegel kann sich die Dialektik nur in der Geschichte entfalten. Es ist also nicht immer alles gleichermaßen gleichzeitig der Fall. Alles ist eine Frage der Entwicklung."

„Dies hier ist etwas anderes. Es besagt, dass der Unterschied gar nicht wirklich besteht zwischen dem Bestehenden und dem Nichtbestehenden. Wir betrachten ja Tod und Geburt als etwas völlig Verschiedenes. Man müsste aber sagen, in einem höheren Raum ist beides nur in einer anderen Schwingung. Das Geschehen ist eigentlich immer positiv, aber in einer anderen Richtung orientiert."

„Wir in unserem Leben werten doch und sehen den Tod negativ. Sollten wir das nicht tun?"

„Die Wahrscheinlichkeit ist auch immer nur positiv. Es gibt keine negativen Wahrscheinlichkeiten. Die Bewertung ist immer: ‚Irgendetwas wird passieren.' Ich gehe in der Zeit einen Schritt voran und frage: Was wird passieren? Und dann sage ich: Es wird rot oder grün oder es entsteht etwas oder es vergeht etwas. Etwas Positives ist immer der Fall: Es wird etwas passieren. Und was passiert, hat verschiedene Qualitäten, nicht nur, dass es entsteht oder vergeht, sondern es kann etwas sein, was dazwischen liegt. Da sagt man dann: Das kann ich mir nicht vorstellen, ich kann mir nur vorstellen, etwas entsteht oder vergeht. Aber wenn jemand sagt, alles, was dazwischen ist, kann auch möglich sein, dann fragt man, Moment mal, was ist jetzt das Zwischending zwischen Tod und Geburt? Das eine ist das Entgegengesetzte vom anderen. So denken wir."

„Mit ein bisschen mehr Leben oder ein bisschen weniger kommt man da auch nicht weiter."

„Nein, selbstverständlich nicht. Der Punkt ist doch: Wenn ich nur eine Dimension habe, kann ich sagen, etwas passiert oder es passiert nicht. Aber hier gibt es mehrere Möglichkeiten. Ein Licht kann anfangen zu schwingen mit der Oberschwingung oder der Unterschwingung oder dazwischen. Wenn ich zwei verschiedene Lichtwellen habe und sie kombiniere, dann können sie sich gegenseitig auslöschen. Es kann aber auch sein, dass ich etwas herausbekomme, das eine sehr hohe Wahrscheinlichkeit hat. Das ist dann die Art und Weise, wie sich die Wirklichkeit für uns darstellt. Es ist ein Zusammenspiel von solchen vielen Sowohl-als-auchs."

Nun bringt er also Lichtwelle und Wahrscheinlichkeit in Verbindung. Er bezieht sich darauf, dass dieses ‚Wellende' im Untergrund offenbar eine Welt von Wahrscheinlichkeiten ist. Die Überlagerung der Wellen, das Zusammenspiel vieler Sowohl-als-auchs ergibt Wahrscheinlichkeiten für das Auftreten dessen, was wir Teilchen nennen und als Teilchen zu fassen kriegen. Auf diese Weise entsteht unsere ganze begreifbare Makrowelt, deren scheinbar einander ausschließende Gegensätze in diesem Untergrund, aus dem alle Dinge und Ereignisse hervorgehen, verbunden sind.

Ich nehme eine Hand voll Sand und lasse ihn langsam zu Boden rieseln: lauter Teilchen! Anfangs dachte ich, in dieser zugrunde liegenden Unterwelt ‚gibt es' zugleich gleichermaßen Welle und Teilchen, doch nun sieht es so aus, als sei die Welle das Entscheidende.

„Sehe ich das richtig, ist die Welle dann doch das primäre Phänomen?"

„Das Bild des Teilchens brauche ich gar nicht, außer wenn ich etwas lokal beobachten will. Diese Wellenstruktur, die im Hintergrund ist, das ist das viel Wesentlichere. Aber wenn ich etwas mit einem Messgerät an einer bestimmten Stelle in meinem Labor messe, dann kommt die Teilchenstruktur zum Ausdruck, dann zeigen sich in meinem Messapparat Teilchen, im Raum lokalisierte Ereignisse, letztlich der Zeigerausschlag meines Messinstruments. Mit dem Teilchenbild komme ich immer wieder in das alte Denken. Das Teilchen ist die Figur, die ausdrückt, dass etwas isoliert ist und nichts vom anderen weiß."

„Also mit dem allerkleinsten Teilchen haben wir die allerletzte Stufe des alten Denkens erreicht."

„Ja. Das Wellenbild ist umfassender. Mit dem Teilchenbild kann ich die wechselseitige Verflechtung nicht ausdrücken. Aber das Teilchen ist eben dann wichtig, wenn ich eine Beobachtung mache. Dann greife ich aus diesem Komplexen etwas heraus, das ich mit dem Zugriff praktisch isoliere. Für unsere persönliche Erfahrung ist das Teilchenbild sehr wichtig, weil wir es begreifen können. Ein Teilchen können wir in die Hand nehmen. Das Teilchen gibt mehr ein Bild für das, was wir sicher zu wissen glauben. Andererseits ist aber das, was wir wissen, letzten Endes ja auch ohne ‚Rand'. Das Wissen lässt sich nicht mit einer Hülle scharf umschließen, es ist wesentlich nicht eingrenzbar."

„Dieser Zusammenhang von allem mit allem in dieser wellenhaften ‚Unterwelt', auf oder besser: aus der wir leben, findet ja einen sehr aufregenden Ausdruck in dem so genannten EPR-Phänomen, dem von Einstein, Podolsky und Rosen beschriebenen Phänomen, dass beliebig weit voneinander entfernte Teilchen – praktisch über den ganzen Kosmos verteilt – voneinander ‚wissen', sich aufeinander abstimmen können und dies auch tun."

„Das ergibt sich sozusagen von selber, das ist überhaupt nicht so aufregend."

„Aber was bedeutet das!"

„Ja gut, was es bedeutet, ist eben, dass alles mit allem zusammenhängt."

„Aber sie stimmen sich ab über kosmische Dimensionen hinweg!"

Ich kann mich über diese Vorstellung furchtbar erregen, aber Dürr meint ganz väterlich beruhigend:

„Das ist nicht so aufregend, wie man glauben könnte."

Warum regt ihn das nicht weiter auf? Lebt er bereits ganz alltäglich in einer Welt, in der nicht nur Gegensätze zugleich als verbunden erlebt werden, sondern das ganz Ferne zugleich auch als ganz nah so selbstverständlich gedacht werden kann? Wie ist das möglich?

„Wenn man an Fernwirkung denkt, dann denkt man ja an Signale oder so etwas, aber dieses Phänomen hat ja mit Signalen nichts zu tun. Es hat mehr damit zu tun, dass, wenn Sie, sagen wir mal, jetzt an London denken ..."

„Dann ist London hier."

„Dann ist London in einer verstümmelten Form, die von Ihren Gedanken abhängt, als Information, als Beziehungsausdruck für Sie hier erreichbar. Hier wird keine Materie bewegt oder Energie ausgetauscht. Und das macht keine Schwierigkeit."

„Und dann bin ich aber auch in London."

„Das ist ganz egal, wie Sie sagen, weil eine Beziehung ‚dazwischen' liegt."

Ich schaue auf die kleinen Wellen, die zu unseren Füßen mit grauen bogenförmigen Säumen kommen und vergehen und frage mich: Wie ist Allverbundenheit vereinbar mit Freiheit, mit Offenheit? Wenn alles mit allem verbunden ist, ist dann nicht auch alles durch alles determiniert? Offensichtlich ist es ja nicht so. Aber wie geht das? Was ist in diesem Zusammenhang Kausalität?

„Kausalität", sagt Dürr, „ist etwas, das sich sozusagen im Endeffekt als Ergebnis herausbildet. Wir haben ja immer noch die Vorstellung, alles brauche seine Ursache. Und eine solche kausale Verknüpfung gibt es auch, aber in einem etwas anderen Sinne, als wir uns das üblicherweise so denken. Es ist die Notwendigkeit eines Nacheinander, das stetige Wirken der Wirklichkeit. Alles fließt. Hier zeigt sich schon das Wesen der Zeit, aber nur einer embryonalen Zeit, die noch keine Dauer kennt. Das was im Untergrund ist, kommt und geht. Was wir dann sehen, real erfahren und beobachten, ist ein kooperatives Zusammenspiel von vielen Strömen. Es ist nicht so, dass die Ursache von etwas, das entsteht, von derselben Art zu sein braucht. Das heißt, die Ursache von etwas Realem braucht gar nichts Reales zu sein. Alles, was entsteht, hängt, schon bevor es entsteht, mit allem zusammen, es ist gewissermaßen da, aber nicht in dieser konkreten Form. Aus dem umfassenden Zusammenhängenden entsteht das, was wir sehen."

„Das, was vorher war, war – und ist – Potentialität. Und aus der geht nicht etwas ganz Bestimmtes zwangsläufig kausal hervor."

„Ja, richtig. Ich vergleiche diesen Zusammenhang manchmal mit einem Gerinnungsprozess. Milch ist zunächst eine reine Flüssigkeit mit nichts Festem drinnen. Doch wenn sie anfängt zu gerinnen, bilden sich auf einmal drinnen so komische Schlieren. Und ich habe dann vielleicht die Vorstellung: Das war wohl auch vorher schon drin, aber in irgendeiner anderen Form. In diese Form ist ‚das Vorher' hier und jetzt geronnen. Wenn ich länger warte, wird alles geronnen sein. Muss nun etwas Geronnenes die Ursache des Geronnenen sein? Nein! Vorher war doch gar nichts geronnen, sondern es war nur die Milch."

„Aber auch das Geronnene ist ja noch Milch."

„Gut, aber ich nenne die Milch ja nicht Realität, um hier im Bild zu bleiben. In dieser Sprache ist Milch nicht etwas, das ich als Realität wahrnehme. Es ist unbestimmter, es ist offener. Anstatt Milch, die gerinnt, als Gleichnis zu verwenden, können wir auch ein anderes, vielleicht noch einsichtigeres Bild gebrauchen: eine Flüssigkeit, die durchsichtig ist und die auf einmal anfängt auszukristallisieren. Ich habe die

Flüssigkeit vorher gar nicht gesehen, und dann beginnt plötzlich ein Kristall sich zu bilden – aus dem ‚Nichts' heraus."

„Es ist eben kein Nichts."

„In gewisser Weise ja. Es ist nicht Realität, und die Potentialität ‚ist' immer schon da. Das Potentielle ist in dem Sinne offen, dass es eigentlich etwas Prozesshaftes ist. Es ist etwas, das es nur in der Veränderung ‚gibt'. Ich kann dieses Prozesshafte nicht im Seienden ausdrücken, sondern ich kann es nur in einem double von Seiendem – A geht über in B – versuchen, anschaulich zu machen. Dem Potentiellen entspricht also mehr so etwas wie eine Doppelschicht, ein ‚Operator', ein Übergang, eine Metamorphose des Seienden, ‚Werden' und nicht ‚Sein'."

„Also: in der noch nicht geronnenen Milch steckt das ‚Werden' drin."

„Ja, oder noch ein anderes Bild, das ich gerne verwende: ein Kartenstoß, der nacheinander, Karte um Karte, die Zeitfolge symbolisierend, abgehoben wird. Dann ist das jeweils Seiende die einzelne Karte, aber das Potentielle ist das Umblättern, der Vorgang des Aufdeckens der Karten."

„Das Aufdecken der Karten – oder die Möglichkeit, die Karten aufdecken zu können?"

„Nein, das Aufdecken. Aber es ist richtig, im Gegensatz zu einem echten Kartenstoß sind die noch nicht aufgedeckten Karten alle leer. Oder vielmehr: Es gibt eigentlich den zukünftigen Kartenstoß gar nicht. Das Entscheidende ist: die aufgedeckte Karte ist noch nicht gezeichnet, die Zukunft ist offen. Das Zeichnen passiert auf vielfältig mögliche, aber nicht beliebige Weise beim Blättern."

„Weil sie eben im Moment des Aufdeckens erst gezeichnet wird."

„Richtig."

„Aber nicht beliebig, das finde ich sehr wichtig."

„Nicht beliebig. Vielmehr in einer, nach der Quantenphysik kann-möglichen Weise, die im Vergleich zur wahnsinnig großen Zahl der ganz willkürlichen Könnte-Möglichkeiten enorm eingeschränkt ist. Das, was kann-möglich ist, das ist die Offenheit, das ist der lebendige Spielraum zukünftiger Gestaltung. Potentialität ist ja nicht beliebige Möglichkeit. In der Kann-Möglichkeit steckt auch der Wille drin, denn Potentialität meint auch Potenz. Die bloße Möglichkeit ist etwas Schlappes. In der Kann-Möglichkeit kommt die Woll-Möglichkeit zum Ausdruck."

„Das Kann-Mögliche, das was wirklich möglich ist, ist sehr klein, gemessen am Könnte-Möglichen!"

„Klitzeklein."

Der Welt liegt also ein ständiger Prozess zugrunde, in dem Realität entsteht. In jedem Augenblick gibt es einen Spielraum von dem, was Dürr ‚kann-möglich' nennt. Das ‚Kann-Mögliche' ist nicht alles, was man sich so ausdenken könnte, sondern es ist offenbar so etwas wie ein ständig sich ändernder, durch das Sowohl-als-auch der Quantentheorie aufgespannter Rahmen. Auf der untersten Ebene der Teilchen-Entstehung ist dieser Rahmen noch denkbar klein. Er besteht nur aus den Optionen: ‚Springt' das Elektron – oder die Ladungswolke – jetzt oder ‚springt' es später, springt es hierhin oder dorthin? Aus dieser Spielraum-Offenheit der vielen Elektronen und anderer Elementarteilchen entstehen dann aber durch Auslöschung und Überlagerung sämtliche Erscheinungen dieser Welt und damit auch offenbar immer komplexere Freiheitsspielräume – bis hin schließlich zum Handlungsspielraum des Menschen. Haben wir mit unseren Erörterungen nun etwa versucht, den freien Willen mit der Indeterminiertheit der Quantenphänomene zu ‚beweisen'? Nein, die Qualität des bewussten Handlungsspielraums bleibt hier zunächst noch ganz unbeschrieben. Der freie Wille steht noch außerhalb der heute ausformulierten Quantenphysik. Er kann aber gedacht werden auf der Basis der Nicht-Festlegung, der Offenheit des Alles in Allem, eingebettet in Alles in Allem.

Fehlt unserem Lebensgefühl noch weitgehend die Wahrnehmung, dass wir in jedem Augenblick mittendrin leben in Wolken von noch nicht realisierten Möglichkeiten und dass wir in jedem Augenblick, auch wenn unser Handlungsrahmen noch so eng ist, mitwirken an der Umsetzung von Kann-Möglichem in Realität? Dass in Wirklichkeit nichts anderes geschieht als eben dieses? Dass also die ganze Welt viel lebendiger ist, als es uns manchmal scheinen möchte?

Natürlich wollen wir uns etwas vorstellen, wenn wir Offenheit und Überlagerung mit dem Bild der Welle verstehen wollen.

„Aber", sagt Dürr, „wir bringen ganz wenige Erfahrungen mit, die mit dem Wellenphänomen zusammenhängen und die uns hier bildhaftes Denken erlauben würden. Das bisschen Wasser, das wir kennen, das ist als Vorstellung noch reichlich schwach."

„Vielleicht gibt es auch leichter fassbare Vorstellungsmöglichkeiten in einem ganz anderen, übertragenen Bereich."

„Eine Schwierigkeit besteht in der Eigenschaft, dass wir bei Überlagerung von zwei wellenartigen Phänomenen an der Überlagerungsstelle nicht nur mehr, sondern auch weniger bekommen können. Das ist kaum mit einem anderen Bild als dem des Wassers zu fassen. So haben wir insbesondere Schwierigkeiten, das zu verstehen, was wir destruktive Interferenz nennen und was sogar zu einer totalen Auslöschung führen kann. Dunkelheit kann eben nicht nur durch Ausknipsen von Licht entstehen, sondern auch durch Kreuzung des Lichts mit sich selber."

„Vielleicht gibt es aber Erfahrungen aus dem menschlichen Bereich. Das wäre dann natürlich nicht mehr so wissenschaftlich. Zum Beispiel kennt das ja jeder, dass Verschiedenes addiert wird, und am Schluss hat man weniger als vorher."

„Das ist kein gutes Beispiel, weil beim Addieren von Dingen als Summe immer mehr herauskommt. Um das zu vermeiden, muss ich Subtrahieren, was auch Addition von etwas Negativem genannt werden kann, aber ein negatives Ding ist unbegreiflich. Vielleicht sollte man eher ein Beispiel aus dem menschlichen Umgang nehmen. Im menschlichen Verhalten ist es nicht ungewöhnlich, dass zwei Menschen, die beide sehr energisch sind, sich nicht nur verstärken, sondern auch lähmen können. Das trifft insbesondere zu für zwei Menschen, die ähnliche Interessen und Ambitionen haben, also auf derselben ‚Wellenlänge' sind. Sie können sich unter Umständen wirksamer blockieren als Leute, die etwas völlig anderes machen. Wirksame Interferenz findet bei Wellen nur statt, wenn sie dieselbe Wellenlänge haben. Sie ist besonders stark, wenn sie kohärent, also im Schritt oder in Phase schwingen. Was die Phase anbelangt, so gibt es dafür beim menschlichen Verhalten kein ganz treffendes analoges Bild. Wenn man sagt, man sei auf derselben ‚Wellenlänge', denkt man dabei mehr an das Radio, dessen Sender man richtig eingestellt hat. Aber das Verstärken und Abschwächen durch Interferenz geschieht dann, wenn sich gleiche oder ähnliche Schwingungen überlagern. Abschwächen geschieht etwa, wenn ein klassisches Musikprogramm durch ein lautes Jazzkonzert eines fast wellenlängen-gleichen Senders hinausgeworfen wird. Verstärkung ist eine Art Sympathie, eine Art Einschwingung oder ein gleicher Herzschlag, was zu einer Resonanz führt. Durch kleine Störungen kann das auch gerade zum Gegenteil führen: Genau dann, wenn der eine gerade hoch ist, kann der andere unten sein. Es gibt Beziehungen, die genauso getriggert sind, dass der eine völlig enerviert ist, wenn der andere high ist, so dass sich beide wechselseitig total frustrieren können. Solche pro- und kontra-operativen Spiele bilden sich selbstverständlich zwischen allen Menschen einer Gruppe aus. Die erfolgreichsten Gruppen brauchen dabei nicht nur die gleichgesinnten zu sein, sondern sind oft sogar eher die, bei denen sich die Menschen auf gute Weise ergänzen, ohne stark miteinander zu interferieren, weil sie ganz anders schwingen, so dass sie praktisch ‚ohne große Reibung' aneinander vorbeirauschen."

Ein hellgrauer Vogel kommt von den Pinien her geflogen und verliert sich in dem dornigen Gestrüpp irgendwo hinter uns. Wir schweigen. Ich schaue wieder auf die flimmernden, glitzernden Wellen am Horizont hinaus und zugleich in mich hinein.

In mir, wie in jedem Menschen, gibt es verschiedene Bestrebungen, die einander löschen oder verstärken können. Dies geschieht aber nicht zwangsläufig. Ich kann zwar zum passiven Spielball solcher Vorgänge werden, aber ich kann mich ebenso als bewusst, als partiell frei handelnd erleben. Auch wenn ich nicht weiter angeben kann, wie ich das mache. Es kommt wohl darauf an, geschickt Regie zu führen in diesem ‚Wellenleben', um klarere Gestalten entstehen zu lassen, indem man die Gesetze von Löschen und Verstärken berücksichtigt und sich ihrer bedient. Evolution vollzieht sich unentwegt durch Verstärkung innerhalb von Möglichkeitsrahmen.

„Das, was bei diesem Zusammenwirken von Wellengeflechten *entsteht,* nennen Sie ja ‚Schlacke'. Können Sie den Begriff an dieser Stelle noch einmal erklären?"

„Die Wellen überlagern sich in solcher Vielzahl, dass ihre Sowohl-als-auch-Freiheiten sich wegmitteln, also im Endeffekt erstarren. Potentialität gerinnt zur Realität."

Es ist immer noch sehr warm in dieser geschützten kleinen Bucht. Wir beschließen, einen Spaziergang am Strand entlang zu machen. Schon bald treffen wir auf eine Stelle, die übersät ist mit Coladosen und Plastikbechern. Bald gelangen wir noch an ein paar weitere solcher Stellen. Das führt unser Gespräch wie von selbst auf die Frage, was ist eigentlich nötig für ein Leben, ein gutes Leben, was brauchen wir wirklich, was ist unsinnige Überproduktion. Ich spüre nun sofort, wie es hier um Dinge geht, die Dürr sehr am Herzen liegen. Seine Gestik wird lebhafter, sein Schritt schneller:

„Wie viele Sachen brauchen wir denn wirklich? Warum sollen wir so viel Energie in Objekte stecken, die wir gar nicht brauchen? Warum konzentrieren wir uns nicht auf Dinge, die für uns selber wichtig sind? Das sind zunächst Dinge, die wir für ein gesundes Leben benötigen. Wie sagte mir neulich eine Frau aus Kenia, als wir über Menschenrechte sprachen: ‚Wichtiger als die formalen Menschenrechte ist für uns doch das Recht, uns selbst ernähren zu können.' Doch der Mensch lebt nicht vom Brot allein. Da gibt es so viel Schönes, was die Mitwelt nicht belastet. Wenn man zum Beispiel musiziert, was doch vielen höchsten Lebensgenuss bereitet, da fällt überhaupt kein Rückstand an. Die Welt ist doch nicht dazu da, dass wir alles Hochwertige raffen und immer umfassender und schneller in minderwertiges Zeug verwandeln müssen. Ich finde unsere Kurzsichtigkeit schrecklich. Das führt doch auch zu einer Eigendynamik, die unserer Kontrolle entgleitet. Die Produktivität steigt so schnell, dass diejenigen, die sich die Güter leisten können, bald gesättigt sind. Ihre Bedürfnisse müssen mit großem Werbeaufwand aufgeheizt werden, dass sie nach Neuem verlangen, was die Produktion weiter antreibt. Man muss sich klarmachen: Ein weit überwiegender Anteil der Materialien, die wir heute in Objekte umsetzen, sind im Schnitt nur wenige Wochen im Gebrauch. Es wird also aus dem Ökosystem geraubt, wird produziert, wird verkauft und nach wenigen Wochen auf die Müllhalde gekippt. Was ist das für ein Verhalten? Wo doch die schöpferische Natur ihre Prozesse, bis auf die frei gelieferte Sonnenenergie, in letztlich geschlossenen Zyklen betreibt! Obgleich die Natur den wesentlichen Teil am Produktionsprozess unserer menschlichen Güter leistet, ist diese Produktionslawine der Grund dafür, dass wir alle, die noch Arbeit haben, so einseitig eingespannt und als Folge abgespannt sind. Und dann automatisieren wir diese Einseitigkeit auch noch, was an sich vernünftig ist, da dies immer weniger eine für Menschen sinnvolle Beschäftigung ist. Doch die dann nicht mehr benötigten Menschen schmeißen wir raus aus einem menschenwürdigen Leben mit der Begründung, dass sie nicht produktiv genug seien. Ja, für was wollen und sollen wir denn produktiv sein? Wir wollen doch diese Welt verstehen, wir wollen ein lebendiges Leben führen, eine hohe Lebensqualität haben, wir wollen uns in dem weiterbilden, wo wir selber Fähigkeiten haben. Was soll denn dieses Leben verachtende Wettrennen?"

Plötzlich erinnert mich Dürr an das Kind in dem Märchen von Hans Christian Andersen, „Des Kaisers neue Kleider". Darin wagen alle, die den Kaiser nackt sehen, weil er tatsächlich nackt ist, nicht, darüber zu sprechen, denn man hat ihnen weisgemacht, wer des Kaisers neue Kleider nicht sieht, offenbart damit, dass er dumm ist. Natürlich verbreitet sich sofort eine allgemeine Heuchelei, bis schließlich ein kleines Kind ruft: Aber der hat ja gar nichts an! Erst dann trauen sich alle, sich zu dem zu bekennen, was auch sie die ganze Zeit schon gesehen haben.

„Viele Menschen", stimme ich zu, „kaufen ja nur ständig neue Sachen, nicht weil sie sie brauchen, das schon gar nicht, aber nicht einmal weil sie glauben, dass sie diese brauchen, sondern weil sie mithalten wollen mit den anderen, die das auch haben."

„Aber das ist doch keine Notwendigkeit. Warum sagen wir, du bist nichts wert, wenn du nicht das und das hast? Es geht weiter und weiter. Viele Milliarden geben wir aus für Reklame, damit die Leute auch wirklich das Kaufen nicht vergessen. Das, was hier passiert, hat mit unserer Welt nur zum

kleinen Teil zu tun. Für mich ist die Welt etwas viel Größeres. Wir sitzen da mit diesem Konsum in einer ganz kleinen Nische. Die Ökonomie glaubt, weil sie jetzt einen Haufen Geld hat, könne sie uns sagen, was die Welt ist und wie sie sich entwickeln soll. Und wir sind praktisch in dieser Vorstellung gefangen. Aber unsere spontane Erlebniswelt ist zum größten Teil außerhalb dieser wirtschaftlich bestimmten Welt, und wir laufen Gefahr, darin geistig zu verhungern und zu verdursten.
Und wenn etwas schief geht, dann werden Fabriken und Werkstätten zugemacht und keiner weiß warum, denn die Leute waren fleißig und kreativ. Diejenigen, die nicht eine Million im Hintergrund haben, die kommen da nicht mehr raus, und es zahlen dann noch diejenigen wieder drauf, die eigentlich nur versuchen, den Kopf über Wasser zu halten, und die hetzen und schuften, damit sie ihren Job nicht verlieren."

„Das ist eigentlich auch eine Art von Krieg."

„Absolut. Das ist wirklich eine Art von Krieg."

„Und Sachzwänge?"

„Ja, es gibt Sachzwänge, und in gewisser Weise selbstverschuldet, weil jeder am gleichen unseligen Spiel beteiligt ist. Ein Teufelskreis, denn die Sachzwänge, die jeder erfährt, sind letztlich Folgen der Regeln, nach denen er selbst spielt."

„Für wie groß halten Sie die Freiheitsmomente, die jeder da hat?"

„Es gibt weit mehr Freiheiten als man gewöhnlich denkt, aber man muss mehr darauf achten, wann und wo sie sich bieten. Das ist etwas, das ich gelernt habe: Es reicht nicht aus, das Richtige zu wissen, also das zu wissen, was man tun sollte, man muss auch ein Gespür haben, wann der richtige Augenblick ist und wo der richtige Ort ist, es einzufordern und praktisch umzusetzen. Ab und zu gehen wirklich Türen und Fenster auf. Das sind die Augenblicke, wo entschieden gehandelt werden muss. Dann muss man sehr schnell etwas tun, etwas, was man sich in ruhigen Zeiten vorher gut überlegt hat, denn in diesen Augenblicken kann man ohne große Anstrengung viel bewirken."

Da ist es wieder: sich tragen lassen können vom Wellengewoge des Untergrundes und zugleich in die Offenheit hinein die richtigen Entscheidungen treffen wie Blitze. Ich will an dieser Stelle nicht die Frage aufwerfen, woran ich ‚das Richtige' erkenne. Wahrscheinlich lässt sich das nie genauer beschreiben als: Vertraue auf die Intuition im Augenblick des Erfassens einer Situation!

Wohl möchte ich aber noch etwas tiefer verstehen, inwiefern es für unser Handeln wichtig sein könnte zu wissen, was im Bereich der Quantenmechanik passiert. Warum sollen wir das wissen? Dürr sagt zunächst nur einen Satz. Aber dieser eine Satz hat für mich die Ausstrahlung spontaner Evidenz:

„Die Evolution arbeitet immer da am intensivsten, wo Neues entsteht."

„Oh, ja, ich verstehe. Und die Quantenmechanik ist ein Wissen ganz am äußersten Rand, am vordersten Vorposten des Wissens, das uns heute möglich ist."

„So ist es. Das ist so etwas wie das Mark im Knochen oder der Saft unter der Rinde, die es dem Baum möglich macht zu wachsen. Das Neue, das Leben in der Evolution, geschieht nicht im Verfestigten, sondern im Mark. Beim Baum sitzt das unter der Rinde, da ist das Leben außen und nicht innen. Wenn der Baum innen ausbrennt, macht das gar nichts, da läuft kein Saft mehr raus. Wir verknöchern nach außen, der Baum nach innen."

„Sie meinen diese feuchte Haut unter der Rinde."

„Ja, dort, wo der neue Jahresring gebildet wird. Beim Tier entwickelt sich das Wachstum sozusagen innen, im Mark, dort bildet es dauernd das Blut."

„Sollte man vielleicht eher sagen, dass beim Menschen nicht das Blut, sondern das Gehirn dieser lebendige Zukunftsort ist – wenn man das Ganze schon anatomisch festmachen will? – Das Gehirn, das ist nun natürlich wieder ein anderes Bild. Aber jetzt möchte ich, wenn wir schon dieses Thema berühren, gerne wissen, ob aus der Sicht der Quantenmechanik etwas zu der Art und Weise zu sagen ist, wie das Gehirn arbeitet."

„Über das Gehirn wissen wir im Grunde noch immer zu wenig. Früher, als man noch nicht so über Gehirnfunktionen nachdachte, hatte man noch Erfahrungen mit der Klangfülle des Unmittelbaren. Man erlebte direkt und dachte nicht darüber nach, ob man irgendwelche Signale empfing, die im Gehirn dann weiter verarbeitet würden."

„Sie denken an die Behaviouristen?"

„Nicht nur. Das ist heute doch eine allgemein verbreitete Ansicht. Naturwissenschaftler zumindest sagen: Das, was im Gehirn geschieht, hat alles primär mit Signalen zu tun, die uns von außen erreichen. Nur wir verstehen es noch nicht ganz."

„Die Signale würden dann übersetzt."

„Ja, und würden weiter verarbeitet, vermengt und gespalten. Es wird hierbei gar nicht mehr die Möglichkeit in Betracht gezogen, dass ich vielleicht die Nähe des Anderen einfach spüre und dabei unter Umständen gar nicht einmal meine Sinne brauche. Eine Vorstellung, die in der mystischen Tradition liegt. Die Mystiker gehen ganz davon aus, dass wir auch unmittelbar vom Anderen und der Welt wissen können."

Glaubt Dürr an diese Möglichkeit des unmittelbaren, nicht an Signale von der Außenwelt gebundenen Erlebens?
Wir haben uns an einer neuen Stelle am Strand niedergelassen, von wo aus die Bucht weiter und offener erscheint. Auf meine linke Schulter hat sich ein kleiner brauner Schmetterling gesetzt. Darüber freue ich mich.

Nun will ich Dürr etwas fragen, was mich schon lange beschäftigt:

„Auch im Gehirn laufen ja Quantenvorgänge ab. Ist es denkbar, dass irgendetwas, das ich jetzt noch nicht benennen kann, das Ich oder das Selbst, sich mittels dieser Quantenvorgänge – mir fehlen die Worte – sagen wir: des Gehirns ‚bedient'. Also: wenn dort indeterminierte Vorgänge ablaufen, und das muss man ja bei allen Vorgängen letzten Endes annehmen, weil der Untergrund nicht determiniert ist, dann könnte doch ein handelndes Selbst sich dieser Offenheit bedienen und jeweils neu Entscheidungs- und Handlungsketten in Gang setzen. Könnten Sie sich vorstellen, dass da ein Ansatz für ein ‚Selbst' möglich ist? Der Neurophysiologe John Eccles hatte ja derartige Vorstellungen ..."

„Ich bin eigentlich von dieser Möglichkeit überzeugt, jedoch anders als sich dies Eccles aus klassischer Sicht vorstellen konnte. Denn die moderne Physik eröffnet hier die Chance, dass wir bei der Beschreibung der Phänomene, die mit den geistigen Funktionen zusammenhängen, nichts hinzufügen müssen, was nicht schon da ist. Das Gehirn ist im Grunde ein Quantensystem, aber dann auch ein Verstärker, der uns dessen Eigenart auch erkennen lässt. Es gibt letztendlich nichts anderes als Quanten, und deshalb hat alles diese Doppelnatur, die Eccles fordert. Die Frage ist jedoch, ob diese andere Natur für uns sichtbar werden kann oder ob sie bei einer Verstärkung wie bei einem schlecht eingestellten Radio verrauscht oder in ähnlicher Situation beim Fernsehen verflimmert ist. Wir müssen die Auswahl wie bei genauer Radioeinstellung auf einen Sender gezielt vornehmen oder, vielleicht ein besseres Beispiel, einzelne Quantenprozesse, wie ein Elektron, mit einer Blasenkammer beobachten, in der dieses durch lawinenartige Prozesse eine Tröpfchenspur, einen Kondensstreifen hinterlässt. Wie das auch im Einzelnen aussehen mag, die uns gewohnten Kausalketten entstehen immer, wenn man sehr viele dieser fusseligen Quantenvorgänge sozusagen miteinander zu einem glatten Strick verdrillt und verknotet, ähnlich wie wenn Büschel fusseliger Haare am Ende zu einem einzigen festen Zopf zusammengeflochten werden. Dann genau formiert sich ein für uns beobachtbares determiniertes Ereignis. Determinismus bezeichnet gewissermaßen den Haupttrend, er ist sozusagen ein aus vielen Unbestimmtheiten gebündelter, ausgemittelter Quantenmechanismus. Nur der Anstoß verrät noch die ursprüngliche Quantenstruktur."

„Was heißt ‚man' verknotet sie? Sie verknoten sich doch von selber?"

„Ja, das Flechten und Verknoten passiert von alleine, weil alles mit allem von sich aus ohne Wechselwirkung zusammenhängt. Dass am Schluss etwas Determiniertes herauskommt, das ist mehr so wie beim Würfeln. Wenn ich einen Würfel werfe, dann merke ich: Es ist nicht determiniert, welche Augenzahl kommt, ob ich eine Eins werfe oder eine Zwei oder eine Sechs. Aber wenn ich immer wieder würfle, werde ich schließlich feststellen, dass alle Zahlen im Schnitt gleich oft vorkommen, dass es also im zeitlichen Mittelwert eine Art Determinismus gibt."

„Das ist also eine Verknotung hintereinander in der Zeit."

„Ja. Ich kann dasselbe Ergebnis auch als räumlichen Mittelwert bekommen, wenn ich gleichzeitig eine große Zahl von Würfeln auf den Tisch werfe. Wenn ich dann mit einem gewissen Abstand auf das Ganze schaue, so dass mich die Einzeldinge nicht mehr interessieren, sondern nur ihre Gesamtheit, dann kommt auch hier ein Determinismus zum Vorschein. So ausgeglichen und relativ uninteressant sieht dann auch jede Großstadt aus, wenn ich nur ihre Statistik vor Augen habe und mich nicht für ihre Menschen interessiere. Dann komme ich auch hier zu festen Gesetzen, weil dabei das vielfältige Verhalten der einzelnen Menschen sich herausmittelt und deshalb keine Rolle mehr spielt.

Das Wichtige am Gehirn ist aber nicht, dass in ihm sehr viele Quantenvorgänge ablaufen, sondern wie sie in der Menge aufeinander bezogen sind. Die Frage ist insbesondere wesentlich, ob im Gehirn einfach der unkorrelierte Haufen herauskommt oder ob ein Würfel, bevor er hingeworfen wird, sich irgendwie an den anderen orientiert, zum Beispiel nachsieht, welche Stellung die anderen haben, oder ob zum Beispiel alle nachfolgenden Würfel der Ausrichtung des ersten folgen. Dies wäre ein Versklavungsprozess, was dazu führen würde, dass zum Beispiel alle Würfel eine Sechs zeigen. Ich kann dafür auch ein anderes Gleichnis verwenden: Es sitzt ein Haufen Vögel auf einem Baum. Ich sehe, wie sie auffliegen und sich ohne erkennbare Regel wieder woanders hinsetzen und so weiter ..."

„Und es gibt keinen Leitvogel ..."

„Ein Leitvogel ist in diesem Stadium nicht erkennbar. Ich stelle fest, aha, die Vögel sitzen so ungefähr gleich verteilt auf allen Bäumen. Aber dann gibt es plötzlich einen Vogel, der fliegt als Leitvogel über einen anderen drüber, und während er drüberfliegt, erhebt sich dieser auch und am Ende erhebt sich der ganze Schwarm. Dieser Leitvogel hat den übrigen Vögeln eine Ordnung und Orientierung gegeben."

„Müsste man nicht eher sagen: Er hat die Orientierung angestoßen; wenn sie aber fliegen, haben sie keinen Leitvogel mehr; das Ordnen, das Ordnungsprinzip entwickelt sich weiter im direkten Zusammenwirken der einzelnen?"

„Ja, es ist eigentlich eine Art Lawine, die in Gang kommt. Es ist schon richtig, der Leitvogel fliegt nicht jeden an, sondern er fliegt einen an und jetzt fliegen zwei los und die fliegen über die nächsten und stoßen die an und so weiter. Der erste ist der Auslöser der Lawine.

Wenn man sich nun fragt, ob Quantenvorgänge im Gehirn eine Rolle spielen, dann hat man dabei nur das folgende im Auge: Hat das Gehirn eine eingeprägte Zustandslabilität, die bewirkt, dass bestimmte Quantenfluktuationen eine Lawine

von in ihrer Orientierung nicht ausgemittelten Prozessen auslösen und so makroskopisch sichtbar machen können? In diesem Fall würde auf einmal etwas von der Lebendigkeit, die im Allerkleinsten angelegt ist, nun auch vom Großen in gewisser Weise zum Ausdruck gebracht. Durch die Labilität des Gehirns, oder sollten wir nicht besser sagen: durch seine hohe Sensibilität, wird mikroskopisch Kleines so verstärkt, dass es makroskopisch erkennbar wird. Die Mittelung würde also verhindert und somit nicht die übliche Kausalkette entstehen. Es würde etwas ganz Originelles, etwa in der individuellen Gestalt eines Gedankens, herauskommen, dessen Auftreten als spontan erfahren wird.
Ja. Es würde nicht gemittelt werden. Das Gehirn braucht zwar auch Blutgefäße, das komplexe Geflecht von Neuronen und all das, was wir mit physikalischen und chemischen Methoden materiell und energetisch nachweisen können. Aber wird sich ein Traum, eine Ahnung, Intuition, ein Wille, etwas zu tun, genau so wie eine bewusste Wahrnehmung, ein Gedanke, reflektiertes Denken, entschlossenes Handeln durch objektiv nachweisbare Spuren verraten? Das ist die entscheidende Frage. Und die heute verbreitete Ansicht ist wohl: All diese geistigen Vorgänge, bewusst oder unbewusst, lassen sich äußerlich prinzipiell erkennen, ähnlich etwa wie ‚ein Sopran' auf einer Schallplatte in der Form der eingefrästen Rille oder bei einer CD in der speziellen Aufeinanderfolge von Nullen und Einsen. Dem entsprechen im Gehirn irgendwelche elektrischen Potentiale an bestimmten Stellen, die durch Konzentrationsunterschiede charakterisiert sind, also etwas, das gemessen werden kann."

„Und was letzten Endes passiert, hinge wesentlich von Außenreizen ab. Wohl nicht ganz direkt, es wäre dann mehr die Frage: Wie reagiert die mir innewohnende Struktur auf das, was von außen kommt?"

„Ja, so etwa. Eine wichtige Frage ist dabei, wie groß die empfindlichen Teile bei diesen Prozessen sind. Sind sie schon so groß, dass wir völlige Ausmittelung haben, so dass sich strenger Determinismus ausprägt? Dies würde der heute verbreiteten Meinung entsprechen, weil sie alle diese Vorgänge analog zu einer raffinierten Maschine betrachtet. Aber es könnte auch anders sein, dass nämlich im Hintergrund noch eine Verknüpfung besteht, über die der Gesamtprozess koordiniert und gesteuert wird. Dass also, wenn irgendetwas im Körper nicht in Ordnung ist, dies unmittelbar wahrgenommen wird und etwas in Gang gesetzt wird, um die Störung einzugrenzen. Und dies geschähe dann direkter, nicht auf dem langsamen Weg über Stoffveränderungen, die über die Blutbahn oder die Lymphsysteme vermittelt werden oder sich auch elektromagnetisch über die Nervenbahnen ausbreiten. Ich denke selbstverständlich hierbei immer an das allem gemeinsame Erwartungsfeld im Hintergrund, was die Wirklichkeit ausmacht und als Rahmenbedingung für die jeweilige Realisierung dient. Diese Vorstellung symbolisiert einerseits, dass es letztlich keinen Zufall gibt, doch andererseits auch keine ‚hierarchisch' angelegte, befehlende Obrigkeit, welche die Koordination herbeiführt oder gar bestimmte Formen erzwingt. Alles resultiert vielmehr aus einer gemeinsamen Erinnerung an das für alle gedeihliche Ganze."

Es ist klar, dass sich Dürr hiermit von der gängigen neurophysiologischen Theoriebildung distanziert:

„Wenn die Neurophysiologen von Quanten reden, dann weiß ich nicht genau, was sie meinen, außer wenn sie sagen, wir ziehen in Betracht, dass hier Prozesse eine Rolle spielen, die nicht mehr in dem normalen Kausalschema drin sind. Prozesse also, die einfach spontan kommen und wir können darüber eigentlich keine Aussage machen. Aber wenn sich diese Prozesse oft wiederholen, stellen wir doch gewisse Regeln fest. Wir können dann eine gewisse statistische Aussage machen. Ich höre immer, wenn dort von Quanten die Rede ist, interessiert man sich für den Tunneleffekt oder so etwas. Damit ist einfach normale Quantentheorie gemeint. Es hat damit zu tun, dass Regionen voneinander ‚wissen' können, obwohl sie getrennt sind. Dieser Quantenaspekt bewirkt, dass Wissensspeicher nicht als scharf abgegrenzt voneinander vorgestellt werden müssen, so wie etwa bestimmte spezialisierte Gehirnregionen, sondern nach außen diffus sind, so dass Teile des Gehirns voneinander ahnen, obwohl man nicht sieht, dass irgendwelche Neuronenstränge sie verbinden."

Neben uns beginnt ein Fischer ein Boot zum Wasser hin zu ziehen. Über der Schulter trägt er zwei Netze. Offensichtlich bereitet er sich auf einen Fischfang vor.

Nun habe ich ein Gefühl, einen Geschmack für das bekommen, was die Physiker aus ihrer Sicht von der allem zugrunde liegenden Wirklichkeit verstanden haben. Es ist nicht mein Ehrgeiz – auch weil ich das gar nicht kann –, in die Physik dieser Einsichten noch viel tiefer einzudringen. Woran mir aber liegt, das ist, an der Hand eines erfahrenen Kenners noch ein wenig in dem Gebiet herumzuwandern, um Bilder zu finden, mit denen ich im Leben etwas anfangen kann. Das Bild der schwingenden Welle hat eine große Kraft, mit der es immer erneut die Phantasie beschäftigt. Hat das Wellenbild bei den Physikern im Laufe der Jahre Veränderungen erfahren?

„Lange", erzählt Dürr, „war man der Ansicht gewesen: jedes Teilchen hat seine Privatform. Entsprechend hat auch jede Welle eine ‚Privatform'. Ein Elektron hat eine Elektronwelle, ein Proton eine Protonwelle und so fort. Auf dieser Stufe waren Teilchen und Welle noch dualistisch einander zugeordnet."

„Und nach welchen Gesichtspunkten unterscheiden sich die einzelnen Wellenbilder voneinander?"

„Die eine Welle ist die Potentialität, ein Elektron zu finden, und die andere ist die Potentialität, ein Proton zu finden. Wenn ich dann nachsehe, dann messe ich im einen Fall eben ein Proton und im anderen ein Elektron."

„Die verschiedenen Wellen sind zwar alle Wellen, aber, wenn ich es mir im übertragenen Sinn vorstelle, dann ‚schmeckt' die eine Welle nach Proton, die andere nach Elektron?"

„Ja, so ungefähr könnte man sagen. Man hat also verschiedene Potentialitäten verschiedenen Wellenformen zugeordnet. In einem nächsten radikaleren Schritt aber kann man sich vorstellen: Es gibt im Grunde nur eine Potentialität für noch etwas Allgemeineres. Und ich kann nicht angeben, welches Teilchen dem entspricht. Das ist dann die größte, die umfassendste Potentialität, und die verschränkt sich erst in sich selbst und macht dann diese verschiedenen Wellen, die Erwartungsfelder für die verschiedenen Teilchen. Damit ist man noch eine Stufe weiter in den Untergrund gestiegen.
In der alten Quantenmechanik spricht man nur von Dualität. Jedes Teilchen ‚hat' eine Welle, jedem Teilchen ‚entspricht' eine Welle. Ich habe also die Dualität Welle oder Teilchen. Die neue Quantentheorie, die Quantenfeldtheorie, die sich auf eine unendliche Vielzahl von Teilchen bezieht, führt nun zu einer noch weiter gehenden Auflösung. Das Teilchenbild geht immer mehr verloren. Was bleibt, ist schließlich nur noch Form. Dieser Übergang ist anschaulich nicht leicht nachzuvollziehen. Wir nennen das dann eine radikal vereinheitlichte Quantenfeldtheorie. Im Gegensatz dazu ist die alte Quantentheorie eine quantisierte Elektronentheorie und eine quantisierte Nukleontheorie. Die Atomphysik – wie auch die daraus abgeleitete Chemie – ist im Wesentlichen quantisierte Elektronentheorie oder Elektronenfeldtheorie, weil die Quantenstruktur der stark lokalisierten und schweren Atomkerne hierbei nur eine ganz untergeordnete Rolle spielt.

Quantenfeldtheorien sind viel allgemeiner, liegen begrifflich tiefer. Der Feldbegriff überlebt, der Teilchenbegriff löst sich ganz auf. Dieses Feld hat nun verschiedene Gestalten und macht die Unterschiede zwischen Elektronwelle, Protonwelle und so weiter."

„Das Feld hat verschiedene Gestalten?"

„Ja."

Das Feld hat verschiedene Gestalten und ‚macht', bewirkt also, Unterschiede. Verstehe ich es richtig, dass da ein wellendes, Wellen hervorbringendes Feld ist, das einheitlich allen verschiedenen Wellen zugrunde liegt? Zugleich aber hat dieses Feld verschiedene Gestalten und ‚macht' die Unterschiede zwischen den verschiedenen Eigenheiten der verschiedenen Wellen. Nirgends kommt man also weiter, ohne zugleich Einheit und Verschiedenheit zu denken?

Der kleine Schmetterling, der sich vorhin auf meine Schulter gesetzt hat, fliegt wieder davon. Dürr sieht es und lächelt.

„Wie kann man versuchen, sich diese grundwellenhafte, gestaltende Wirklichkeit wenigstens ahnungsweise vorzustellen?", möchte ich wissen.

„Das ist sehr schwierig, weil man hier den Begriff der Gestalt erweitern muss. Gestalt ist ja etwas, das wir uns normalerweise nur als Materieanordnung im Raum vorstellen. Im Raum. Aber in welchem Raum? Direkt anschaulich können wir uns Gestalt nur in unserem gewohnten dreidimensionalen Raum vorstellen und dann auch nur als Gestalt von Etwas. Aber verglichen mit den Räumen, wie sie zum Beispiel in der Beschreibung der Quantentheorie vorkommen, ist der dreidimensionale Raum nur ein ganz spezieller Raum. Es gibt ganz andere Räume. Wellen schwingen sozusagen noch in anderen Räumen, nur diese anderen Raumdimensionen nehmen wir nicht als eine vierte oder fünfte Raumdimension wahr, sondern wir sagen dann: aha, das ist also ein Elektron oder ein

Proton und so weiter. Das ist aber jeweils nur eine Verwirklichung in einer anderen Art Raumdimension."

„Der Unterschied zwischen Elektron und Proton und entsprechend alle Unterschiede dieser Welt beruhen also auf unterschiedlichen Räumen, in denen diese Wellen schwingen? Mathematisch lässt sich das vielleicht einfach beschreiben. Aber haben wir auch auf nichtmathematische Weise Zugang zu ihnen? Eigentlich müsste das doch so sein?"

„Ja. Und das ist vielleicht für uns nicht zu überraschend. Wenn wir träumen oder auf unsere Intuition hören, haben wir da eine Vorstellung, in wievieldimensionalen Räumen wir uns da aufhalten?"

„Nein. Vielleicht in sehr vielen."

„Problematisch wird es erst, wenn wir das spontan Erlebte in unsere Sprache übersetzen wollen. Wir leben sozusagen in einem viel größeren Raum als wir wissen, aber in diesem Raum können wir nichts begreifen, weil er nicht dreidimensional ist. Wenn wir in der Mathematik von hochdimensionalen Räumen, vier- oder fünfdimensionalen oder viel höherdimensionalen Räumen sprechen, können wir uns das überhaupt nicht vorstellen. Mathematisch haben wir aber keine Schwierigkeiten, damit umzugehen. Wir können das Volumen ausrechnen und die Oberfläche, wir können auch sagen, wenn ich zwei von diesen Figuren in diesen Räumen einander durchdringen lasse, wie dann die Schnittfigur aussieht. Das können wir alles machen und dazu brauchen wir unsere übliche Anschauung nicht."

„Kann ich mir das dennoch irgendwie plausibel machen? Geht das?"

„Ja freilich, ich kann ja auch diese höherdimensionalen Gebilde sozusagen immer wieder ‚ansehen'. So, wie ich ein dreidimensionales Gebilde ansehen kann. Angenommen, ich könnte auch Dreidimensionales nicht wirklich verstehen, nur Zweidimensionales, dann kann ich mit drei zweidimensionalen Bildern genau darstellen, was ein dreidimensionales ist, also: Grundriss, Seitenriss und Frontalriss. Mit diesen drei Bildern kann ich ganz genau etwas Dreidimensionales darstellen. Alle Informationen, die in einem dreidimensionalen Bild stecken, kann ich in diesen drei Bildern unterbringen. Wenn ich mir nun einen vierdimensionalen Körper vorstellen muss, dann brauche ich nur vier dreidimensionale Körper nebeneinander zu halten. Mit vier dreidimensionalen Körpern kann ich exakt einen vierdimensionalen Körper beschreiben, aber ich kann ihn nicht sehen, es gelingt mir nicht, auch wenn ich diese vier Bilder neben- oder hintereinander angucke und die Augen schließe. Diese Höherdimensionalität nenne ich nun Gestalt. Welle und Teilchen sind nur zwei Gerinnungsformen der viel allgemeineren Gestalt, die im Hintergrund ist. Gestalt in diesem Sinne muss als etwas viel Offeneres aufgefasst werden, das auch mich, alle Beziehungsstrukturen, Wertungen, Bedeutungen, die ganze Welt einschließen soll."

„Sie meinen ja nun, ich *lebe* in all diesen anderen Räumen."

„Ja. Erfahrung beschreiben wir in unserem gewohnten dreidimensionalen Raum. Im Gegensatz dazu ist mir nicht klar, was in meiner Intuition vorkommt. Ich weiß nicht, ob ich etwas sehe und wenn, was ich da sehe. Es befindet sich dann gewöhnlich nicht nur in dem mir bekannten Raum – aber auch. Wenn ich träume, bin ich irgendwie zwischen dem Bekannten und Unbekannten. Aber es kann sein, dass ich mich in den fremden Räumen auskenne, so wie in einer alten Erinnerung. Wenn mir intuitiv eine Lösung einfällt, ist das vielleicht deshalb möglich, weil ich eine Verbindungsstruktur in einem höheren Raum sehe. Und wenn ich anfange, darüber nachzudenken, dann sehe ich viele Möglichkeiten nebeneinander und nicht, wie zuvor, sozusagen ineinander."

„Was ist hier der wichtige Unterschied zwischen nebeneinander und ineinander?"

„‚Ineinander' soll heißen: mit einem Blick! So, wie ich mir intuitiv einen Gegenstand vorstelle – einen dreidimensionalen Körper an sich, der bei der Nebeneinander-Betrachtung sich durch die Zusammenschau von drei zweidimensionalen Figuren: Grundriss, Seitenriss, Frontalriss ergibt. Um mir einen dreidimensionalen Körper vorzustellen, kann ich auch den umgekehrten Weg gehen: Ich schaue die drei Projektionen hintereinander an, schließe die Augen und versuche, alle drei gleichzeitig zu sehen. Dann erfasse ich sie ineinander als ein Ganzes. Das schaffe ich leicht, weil ich sowohl durch die greifende Hand wie auch durch die unterschiedlichen Bilder meiner zwei Augen darin geschult bin. Wir sind einfach im Dreidimensionalen zu Hause, aber die größere Wirklichkeit, in die wir eingebettet sind, hat eben nicht diese Eigenschaft."

Das klingt gar nicht so mathematisch. Solche Aussagen faszinieren mich, weil der Physiker damit über seinen eigentlichen Kompetenzbereich hinausgeht, aber doch ganz konsistent bleibt innerhalb seines eigenen Denkens. Für mein intuitives Verständnis hat es nichts Überraschendes, nein, stärker: etwas Bestätigendes, wenn wir zugleich in mehreren Räumen leben sollten. Welche Wirklichkeitsfülle könnte, analog zu unserer dreidimensionalen Lebenswirklichkeit, in den mehrdimensionalen Räumen verborgen sein, die die Mathematik zwar schlüssig, aber nur völlig abstrakt mit ihren Gedankeninstrumenten berühren kann.
Auf diesem Weg lässt sich ahnen, warum Ja und Nein, Tod und Geburt einander nicht auszuschließen brauchen. Wenn wir wirklich in verschiedenen ‚Welten' zugleich leben, dann kann Tod in der einen zugleich Geburt in einer anderen sein.

Lange schaue ich dem Flug eines Vogels zu, der wie ein in der Luft schwimmender grauer Fisch die ganze Bucht überquert.

„Ich denke immer wieder daran", nehme ich nach einer Weile einen vorhin verlassenen Gesprächsfaden wieder auf, „welche Rolle für Sie, in Ihren vielen politisch-ökologischen Aktivitäten, dieser mehrdimensionale Intuitionsraum spielt, wie wichtig es Ihnen ist, dass wir lernen, uns in ihm sicherer zu bewegen. Kann man sich Bilder machen, die einem helfen, dem verbreiteten Lebensgefühl zu widerstehen: Du bist voll eingepasst, bist ein Rädchen in einer Welt, in der du eigentlich nichts bewirken kannst?"

„Wir haben eine Fähigkeit, über das hinaus, was wir begreifen, zu erleben. Ich habe den Eindruck, wenn wir diese Fähigkeit nicht sehen und von ihr keinen Gebrauch machen, ist unser Los hoffnungslos."

„Und wie kommen wir dazu, diese Fähigkeit zu erkennen und weiterzuentwickeln?"

„Die Frage ist: Wie können wir zuversichtlich über etwas sprechen, ohne dass wir es fixieren, es greifen? Auch wenn es seine Erscheinungsform ändert, sobald sich unsere Aufmerksamkeit verändert."

„Meinen Sie mit zuversichtlich, dass wir Zuversicht haben sollten, dass es diese – sagen wir einmal ‚Intuitionsräume' überhaupt gibt?"

„Diese ‚gibt' es nicht wie etwas, das existiert. Andererseits ist die Intuition nicht einfach nur ein Fabulieren, wo man mit einem Stock im Nebel herumfuchtelt. Sicher, wir haben gewisse Schwierigkeiten, über etwas zu sprechen, das immer verschwindet, wenn man versucht, es genauer zu fassen. Aber wenn man es aus den Augenwinkeln betrachtet, dann kommt es wieder. Es ist etwa so, wie wenn ich Wild beobachte: Ich will es genau sehen, gehe näher hin, und immer dann, wenn ich nahe bin, verschwindet es wieder und ich muss dann warten, bis es wieder kommt. Ich wünschte mir, es bestünde die Möglichkeit, Wild genauer zu beobachten, aber dazu ist es zu scheu. Die Wirklichkeit ist nicht nur scheu, sondern sie lässt sich in dem Sinne gar nicht greifen."

Ich schaue hinaus auf das Boot unseres Fischers, der inzwischen angefangen hat, seine beiden Netze auszuwerfen. Eine winzige Gestalt, ein kleiner schwarzer Schattenriss im Gegenlicht.

„Es flimmert", sagt Dürr. „Das, wovon die Neue Physik handelt, die Basis all unserer Erfahrungen, flimmert."

„Es flimmert", erinnere ich ihn, „wie der Schwarm kleiner Fische, die nicht ins Netz gehen – um das Bild aufzugreifen, das Sie so gerne für die Neue Physik benutzen. Sie haben es ja an verschiedenen Stellen verwendet."

Die Erkenntnisobjekte der klassischen Physik sind so groß und zugleich so beschaffen, dass sie im Erkenntnisnetz des Physikers hängen bleiben. Aber das, wofür sich die Quantenphysik interessiert, das sind die ganz kleinen Fische. Ihre Schwärme gleiten durch die Maschen des Netzes hindurch. Deshalb sagt der klassische Physiker: Für mich gibt es das gar nicht! Ähnlich wie für den Fischer, der sich zunächst und letztlich überhaupt nur für die Fische interessiert, die er am Markt verkaufen kann. Und dazu muss er sie unbedingt erst einmal fangen.

Das Bild des flimmernden Schwarms kleiner Fische – das hat dennoch etwas sehr Anziehendes. Warum aber möchte man darüber mehr wissen?

„Ja, und nun", entgegnet Dürr, „sind wir wieder bei der Frage, die Sie schon einmal gestellt haben: Warum muss ich mich überhaupt interessieren für diese kleinen Fische, was habe ich davon, wenn ich etwas von ihnen weiß? Wie schon beim Fischer in unserer Parabel hat die Wirtschaft darauf eine eindeutige Antwort: Sie taugen nicht für den Markt, sind also ohne Bedeutung. Aber wir sind ja nicht nur ‚Fischer' und ‚leben nicht vom Brot allein'. In welchem Sinne ist es für uns Menschen doch notwendig zu wissen, dass es diese kleinen Fische gibt? Der eine Grund liegt wohl darin, dass wir nicht nur fischen, sondern ab und zu auch am Meeresstrand stehen und ins Wasser schauen und kleine Fische sehen, von denen dann fast jeder andere sagt: optische Täuschung! Siehst du nicht ... schon weg! Man weiß ja, wie das ist, wenn man jemandem etwas zeigen will, das sich nur kurz zeigt, und der andere sagt, du spinnst ja. Oder der andere sagt, ach ja, ich habe auch so etwas Ähnliches erlebt, und dann weiß ich nicht, ob er dasselbe gesehen hat wie ich. Dann läuft der Dialog: ja, ja, so ungefähr so, ja, ja – aber, der eine hat dann nur zwei Flossen gesehen und der andere hat einen komischen Kopf gesehen und dann weiß man schon nicht mehr, ob man wirklich dasselbe gesehen hat. Aber von der Bewegung her sagt man, ja, es war da, und dann, zack, war es weg. Dann überlegt man, vielleicht war es doch dasselbe ... Aber niemand nimmt das ernst, weil dann ein dritter dazu kommt, der es noch nie gesehen hat, und ein vierter hat wieder etwas ganz anderes gesehen ... Und dann sagt man, okay, Privatvergnügen. Dann kommt aber dazu, dass man feststellt, ja, irgendwo ist dieses Gucken ins Wasser doch gar nicht so schlecht, wenn du Fische fangen willst. Irgendwann siehst du, Mensch, da ist ja ein ganzer Schwarm von Fischen, hast du ihn nun gesehen? Später werfe ich mein Netz rein an dieser Stelle, und siehe da, ich habe einen ergiebigen Fang gemacht, weil auch größere Fische dabei waren. Oder du hast in einem Teich kleine Fische gesehen und auf einmal stellst du fest, wenn du ein Jahr lang wartest, dann sind sie so groß, dass du sie fangen kannst. Also hast du von etwas, das du nicht begreifen konntest, einen Nutzen gehabt. Du hast auf diese Weise einen Zusammenhang erfahren."

„Also: die großen Fische, unsere Materiewelt, unsere Realität, geht hervor aus dem Wirklichkeitshintergrund, für den wir als Bild den flimmernden Schwarm kleiner, nicht fangbarer Fische verwendet haben."

„So ist es", stimmt Dürr zu, „und wir sind optimistisch, weil wir die kleinen Fische eigentlich schon gesehen haben. Es sind genau die Zusammenhänge, über die wir uns dauernd unterhalten, die uns wirklich interessieren, auch wenn andere uns deren Bedeutsamkeit ausreden wollen. Es ist das, worüber auch die Esoterik die ganze Zeit spricht. Nur, die ‚Esoteriker' versuchen, diese kleinen Fische wieder fangbar zu machen, und sagen dann etwa: Ich habe mit der Kamera eine Aura aufgenommen. Aber dann sage ich: Wenn die Aura mit einer Kamera aufgenommen wurde, dann bin ich als Physiker gefragt, weil die Kamera ein physikalisches Messinstrument ist. Es soll da also irgendetwas von einer Aura gekommen sein. Dann müsste Energie transportiert worden sein, sonst wäre die Photoplatte nicht geschwärzt worden. Aber: wenn ihr von Aura sprecht, dann sprecht ihr nicht von einem solchen materiell-energetischen Phänomen. Das ist eine Metaphorik, die ihr verwendet, weil ihr das andere seht und dann so etwas wie eine ‚Erleuchtung' habt. Aber die Erleuchtung hat nichts mit der Elektrodynamik zu tun, sondern damit, dass ihr auf einmal etwas unmittelbar erkennt, innerlich etwas seht. Und wenn ihr etwas seht, dann denkt ihr an euer Auge und an Licht und dann kommt ihr auf diese Interpretation. Aber ihr könnt ja auch mit geschlossenen Augen sehen. Macht die Augen zu und ihr könnt eine ganze Welt vor euch sehen, die überhaupt nichts mit Licht zu tun hat. Das sind also alles Erfahrungen, die euch als Lichterscheinung gelten, wenn ihr sie denkt, aber mit Licht im physikalischen Sinne, wie es auch ein Photoapparat registriert, hat das nichts zu tun."

„Also: wenn wir über die kleinen Fische reden, dann sollten wir nicht einmal davon träumen, sie jemals zu fangen. Sie sind eben auch etwas anderes als nur Fische. Sie sind zugleich auch das Meer oder das Salz im Wasser und sie lassen sich prinzipiell nicht fangen. Der Versuch wäre sinnlos, das Netz immer dichter zu machen, es geht eben nicht."

„So ist es."

„Aber dennoch wissen wir einiges über die kleinen Fische, ohne dass wir sie fangen."

„Ja, weil sozusagen die Ursachen der großen Fische in den kleinen Fischen liegen können. Das heißt, die Realität entsteht aus der Potentialität. Eine reale Wirkung braucht nicht eine reale Ursache zu haben. Sie kann auch eine potentielle Ursache haben, die nicht etwas Reales ist. Aber sie kommt nicht aus dem Nichts. Darüber hinaus ist Potentialität nicht das völlige Durcheinander, in dem nur der Zufall regiert. Wenn ich aus der Potentialität heraus schaffe, dann realisiere ich nichts Zufälliges, dann stürze ich nicht in die absolute Willkür ab, sondern ich stürze in den gemeinsamen Kosmos. Der gemeinsame Kosmos macht keine Glücksspiele. Das Glücksspiel, das Reden vom absoluten Zufall, ist etwas, das wir erfunden haben. Die Vorstellung vom Zufall macht nur Sinn, wenn man glaubt, es gibt Dinge, die isoliert sind. Aber es gibt keine isolierten Dinge in der Quantentheorie, es gibt nur das Eine, das Verbundene. Ich kann von dem Einen sprechen, als sei es ein komplexes System, als sei es aus vielen Teilen zusammengesetzt, die miteinander wechselwirken. Aber dies klappt nur ungefähr, es geht nicht wirklich. Weil ich nur ungefähr reden kann, wird für mich nicht offensichtlich, dass ich eigentlich gar nicht würfeln kann. Wenn Kraftfelder zwischen Teilchen wirken, dann entsteht immer noch, soweit diese Kräfte nicht zu stark oder langreichweitig wirken, der Eindruck: ich kann würfeln, Zufall ist möglich. Aber die Quantentheorie sagt: Nein, die Wirklichkeit kennt keine Zufälle. Dadurch wird sie jedoch – und das ist der Witz – nicht determiniert wie die klassische Physik. Denn das, was sich realisieren kann, ist unbestimmt, unendlich offen, allerdings nur in einer speziellen Form. Denn diese Offenheit kommt anders zustande als durch reine Willkür. Man muss also den Leuten sagen: wenn ich dir das ‚Objekt' wegnehme ..."

„Dann versinkst du nicht in der totalen Beliebigkeit."

„Ja, dann versinkst du nicht im Sinne von ‚anything goes', so dass alles beliebig offen ist und es nicht einmal eine Rolle spielt, ob du nun Verantwortung übernimmst oder nicht. Nein, nein."

„Da bin ich froh, dass Sie das noch einmal so betonen, denn an solchen Stellen der Diskussion kommt doch leicht Fatalismus auf. Wir haben diesen Punkt ja schon einmal berührt bei der Unterscheidung zwischen ‚kann-möglich' und ‚könnte-möglich'.

„Richtig. Das absolut Willkürliche ist viel, viel mal offener als das, was quantenmechanisch unbestimmt ist. Beides ist unendlich offen, aber ... da fängt man wieder an: Wie unterscheidet man verschiedene Unendlichkeiten? Die Schwierigkeit sind die Bilder, die man da gebraucht. Wie soll man jemanden heranführen an den Unterschied zwischen Unendlichkeit und Unendlichkeit? Aber man kann es letzten Endes schon verständlich machen. Wenn ich zum Beispiel in München bin und ich stelle mir vor, was ich morgen mache, dann kann ich mir unendlich viele mögliche Pfade überlegen, die ich morgen beschreiten werde."

„Alle in München."

„Alle in München zum Beispiel. Es sind immer auch unendlich viele, weil ich meine Wege ja beliebig verwackeln kann: an dieser Stelle noch einen Millimeter mehr nach links oder nach rechts und so weiter."

„Aber alle unendlichen in Freiburg und in Lima zum Beispiel sind nicht drin."

„Die sind nicht drin. Richtig. Also: wir schöpfen die Unendlichkeiten verschieden aus. Es ist eine Offenheit, die vom Standpunkt der Willkür aus immer noch ziemlich genau umschrieben ist. Wenn jemand sagt, du bist ja in München, da ist doch alles ziemlich festgelegt, dem kann man entgegnen: Nein, nun pass mal auf, wenn ich in München bin, dann bin ich nicht angekettet, ich kann dort unendlich viel machen."

„Und wenn Sie auf diesem Stuhl festgekettet wären, ginge es auch noch? Geht das beliebig klein?"

„Ja, das geht beliebig klein. Ich kann es vielleicht nicht dirigieren, aber das, was tatsächlich als Pfad zustande kommt, ist unendlich verschieden von anderen tatsächlich möglichen Pfaden. Angenommen, man lässt mich immer das Gleiche wiederholen, dann werde ich feststellen, auch wenn ich etwas ziemlich oft wiederhole, wird es nie zwei Pfade geben, die einander völlig gleichen."

„Bei den Gedanken gilt das natürlich genauso."

„Sicher, sowieso. Aber man kann bereits mit dem, was man sozusagen sicher nachmessen kann, diese verschiedenen Unendlichkeiten sehen. ‚Unendlich offen' und ‚unendlich offen' kann sehr verschiedene Größenordnungen meinen. Die Quantenmechanik sagt darüber hinaus nicht nur, der Pfad sei nicht beliebig genau bestimmbar, das würde nämlich auch die alte Physik wegen der Ungenauigkeiten der Anfangsbedingungen sagen, sondern dass es einen solchen eindeutigen Pfad eigentlich gar nicht gibt und deshalb das Ziel wirklich, also nicht nur aus der Sicht unseres unvollkommenen Erkenntnisvermögens, offen ist."

„Sie denken also hier etwa an Pfade von Teilchen?"

„Ja, ein Teilchen zum Beispiel. Ich kann also sehen, wenn ich die Fläche von München mit Linien überdecke, da passen unendlich viele unterschiedliche Linien rein. Doch trotz dieser Offenheit der Pfade gibt es dann Einschränkungen. Wenn ich etwa alle möglichen Pfade habe, die München überdecken, so schließen diese zum Beispiel die unendlich vielen möglichen Pfade aus, die ich durch Freiburg legen kann. Die Quantentheorie würde also sagen, im Raum München kann ich keine ganz genauen Aussagen machen, aber wenn ich grob hingucke, dann weiß ich wenigstens, das Teilchen ist mit erdrückender Wahrscheinlichkeit im Raum München lokalisiert und nicht in Freiburg oder überall sonst noch. Die Quantenmechanik kann da schon Unterschiede machen, sie kann die eine Art Unendlichkeit von der anderen – nicht streng genau, aber in einer für mich ausreichend klaren Weise – unterscheiden. Die Quantenmechanik gibt mir grob betrachtet immer eine Aussage: Schau nach, das Teilchen ist in München, und ich werde es finden."

Diesen Satz möchte ich für mich festhalten: Die Quantenmechanik „kann die eine Art Unendlichkeit von der anderen – nicht streng genau, aber in einer für mich ausreichend klaren Weise – unterscheiden". Es ist ein Satz, der, jedenfalls für mich, wohl viel mehr transportiert, als man ihm auf den ersten Blick ansieht.

„Aus der Quantentheorie", fährt Dürr nach einer Weile fort, „die im Grunde unverständlich ist, kommen messbare Zusammenhänge von Dingen heraus, die wir vorher nie für zusammenhängend gehalten haben. Wir erkennen zum Beispiel: Der Tisch und die elektromagnetische Welle haben große Gemeinsamkeiten. Und wegen der Verschiedenheit ihrer Erscheinung haben wir vorher gedacht, sie wären total andersartig – das eine Wechselwirkung, das andere Materie. Sie sind aber gar nicht so verschieden. Sie kommen aus demselben Urgrund. Das eine ist auf die eine Weise abgezweigt und das andere auf die andere. Und beide Äste hängen zusammen, sind vom selben Stamm. Und mehr noch: Beide enthalten in gewisser Weise auch die Natur des anderen.
Auch wir als lebende Wesen enthalten beide Züge, Stoff und Beziehung, Leib und Seele. Durch unser spontanes Erleben haben wir unmittelbaren Zugang zum Stamm, zum gemeinsamen Untergrund, zur nicht greifbaren, unbegreiflichen Wirk-

lichkeit, die wir in Analogie zum Urgrund verstehen, wie ihn die Quantenphysik entdeckt hat und versteht.
Warum ist mein Erleben viel reicher als mein Begreifen, woher kommt der Reichtum? Wir erleben, aber wir können das nicht hinterfragen. Ich erlebe ja schon, bevor ich frage: Ist es *mein* Erleben? Die Parabel vom Fischefangen lässt sich auf die Quantentheorie nur begrenzt anwenden, weil es dort gar keine Netze gibt. Denn ein Experiment wählt in diesem Bereich nicht nur aus, sondern verändert auch das Gemessene. Und diesen Vorgang kann man nicht mehr als ‚Fangen' bezeichnen.
Uns allen ist ja eigentlich klar: Wir erleben mehr als wir begreifen. Die ganze Menschheitsgeschichte zeigt das doch. Wir haben Religion, wir haben Kunst. So what? sagt der heutige Zeitgeist und erklärt: ‚Alles was wir erleben und was von allgemeiner Bedeutung ist, können wir letztlich begreifen! Es ist nur kompliziert. Das heißt, prinzipiell kommen wir mit unserem Begreifen durch. Wir brauchen nur feinere Netze, es dauert nur noch ein bisschen. Das ist sozusagen das Paradigma der alten Physik und das Denken, das irgendwie in den Köpfen der Leute steckt. Und wenn sie noch Religion haben und Gefühle, dann erscheint ihnen das als ihr Privatvergnügen. Das hat dann eben etwas mit sonderbaren Gehirnströmen zu tun. Viele sagen heute: ‚Ich verstehe das noch nicht, aber ein anderer hat es begriffen. Ich kenne da einen Gehirnforscher, der versteht das vielleicht! Irgendjemand wird es schon begreifen, selbst wenn ich es nicht schaffe."

„Aber die neue – gar nicht mehr so neue, aber noch nicht hinreichend gewürdigte – Physik sagt: Nein, die Welt hat gar nicht diese Struktur. – Nun aber noch einmal von etwas anderer Warte aus die Frage: Was hat der Mensch davon, dem man das klarmacht? Fühlt er sich bestärkt in seiner Ahnung, dass er mehr ist als er dachte, dass er mehr erlebt als er begreift? Jedenfalls ist er keine Maschine mehr?"

„Ja. Dass er den Experten im Wesentlichen gar nicht braucht. Du guckst in dich rein, dazu brauchst du keinen Experten. Diese Einsicht gibt den Menschen so viel mehr Eigenständigkeit. In gewisser Weise sind wir alle Experten in Bezug auf das, was wesentlich ist. Und das bisschen zusätzliche Gehirnduselei hilft einem da vergleichsweise nicht sehr viel weiter."

„Jetzt einmal etwas böse gefragt: Ist das nicht eine Einsicht, die man bereits als Kalenderspruchweisheit finden kann?"

„Ja – aber da fehlt die Verknüpfung mit den Erkenntnissen der Physik, und diese Einsicht ist für unsere westliche Zivilisation wichtig. Es ist natürlich richtig: Wenn ich zum Beispiel mit den Indianern in Amerika spreche, die finden das sozusagen absolut trivial, was ich sage. Sie sagen, ja, selbstverständlich ist es so. Warum habt ihr je anders gedacht? Aber unsere Zivilisation ist davon ausgegangen, dass die Wirklichkeit auf einfache Dinge reduzierbar ist und dass sie verstanden werden kann aus dem Zusammenspiel von einfachen Dingen über Kräfte, die Gesetzen unterliegen und die man verstehen kann. Und deshalb unser Wahn, dass diese Welt nicht nur manipulierbar, sondern auch beherrschbar ist. Das heißt, ich leiste heute einen wichtigen Zivilisationsbeitrag, wenn ich sage und auch plausibel mache: Was ihr jetzt als einen wahnsinnig großen Fortschritt betrachtet, trägt nur ein Stück weiter. Es gibt wohl Bereiche, in denen dieses gilt. Aber wenn ihr es verabsolutiert, dann zerstört ihr die Welt. Und dies nur, weil ihr den Fehler gemacht habt, das zu verabsolutieren, was uns die Aufklärung gezeigt und als richtig gelehrt hat. Es ist nicht falsch, aber ihr habt es verabsolutiert. Ihr geht von der Vorstellung aus, dass alles begreifbar ist. Deshalb sagt ihr: Ja, wir sehen, mit jedem neuen Wissen treten neue Probleme auf und deshalb nimmt unser Unwissen relativ noch weiter zu. Wir müssen deshalb mit der Wissenschaft noch schneller vorankommen, um den Punkt zu erreichen, wo unser Wissen das verbleibende Unwissen überflügelt. Und deshalb müssen wir uns noch mehr konzentrieren. Edward Teller hat zum Beispiel einmal sinngemäß gesagt: ‚keine Bevölkerungsbeschränkung! Wir brauchen in Zukunft eine Unmenge von Physikern! Da wird es so viele Probleme geben, die wir lösen müssen, um dieses Rennen mit der Natur zu gewinnen. Wir müssen schneller verstehen lernen als dabei neue Schwierigkeiten auftauchen.' Das ist meines Erachtens ein Irrweg, der die Menschheit in die Katastrophe führt."

„Und wenn man nicht auf diesem Weg geht? Bleibt dann nur die Intuition, die Meditation ..."

„Man braucht den alten Weg des Begreifens nicht gänzlich zu verlassen. Dieser Weg ist ja im Ganzen enthalten. Er ist einer unter anderen und nimmt unter ihnen einen gebührenden Platz ein. Diese Art zu denken ist anwendbar auf einen bestimmten Bereich, einen wesentlichen Bereich unseres täglichen Lebens, und da ist sie auf eindrucksvolle Weise erfolgreich. Das Problem liegt wirklich in der Verabsolutierung, in der Annahme, dieses Denken gälte ganz allgemein. Der Schaden entsteht vor allem dadurch, dass ich, während ich in diesem Denken bin, den Kontakt zur originären Quelle meines Erlebens und Denkens verliere. Ich habe eben nur so und so viel Zeit. Wenn ich zum Beispiel von morgens bis abends Physik mache, wie komme ich je dazu, einmal wirklich ans Licht zu bringen, was ich hintergründig denke, ahne und glaube? Wir machen in uns so viel Lärm, beschäftigen uns alle mit diesen wahnsinnig vielen neuen Informationen und haben gar keine Möglichkeit mehr, auf die Weisheit im Hintergrund zu hören. Und dann wollen wir auch noch Stück um Stück, weil sie die Wissenschaft behindern, die gewachsenen ethischen Grundhaltungen abschaffen, indem wir fragen: ‚Brauchen wir eigentlich diese ethischen Regeln noch? Sind diese im Lichte unserer weit fortgeschrittenen Wissenschaft nicht nur eine veraltete Übereinkunft?' Wir sind ja dabei, alles zu demontieren, was nicht wissenschaftlich fundiert ist. Es ist vollkommen in Ordnung, Wissenschaft als eine für uns enorm nützliche, lebensdienliche Schlacke zu betrachten von dem, was immer dahinter als Wirklichkeit ist. Der Baum hat sein Holz. Ich will doch nicht das Holz abschaffen."

„Aber Sie wollen, dass der Saft bleibt?"

„Ich will, dass der Saft bleibt, der die geistige Wirklichkeit, das lebendige Leben symbolisiert, aus dem immer neues aufsprießt. Und ich will natürlich auch das Holz, denn es erlaubt dem Saft, in größere Höhe, mehr ans Licht, zu steigen. Ich wehre mich aber dagegen, dass man sagt: der Saft – wozu brauche ich das!"

Das Bild von Saft und Holz führt uns fast zwangsläufig noch einmal auf das Leib-Seele-Problem.

„In der Physik", erinnert Dürr, „hat man früher ja immer gesagt, über den Leib können wir beliebig gut sprechen, über die Seele nicht. Seither versuchen alle, die Seele sozusagen vom Leib her zu verstehen. Das ist die physikalische Beschreibung. Unter diesem Gesichtspunkt fragt man: ‚Könnte unter Umständen die Seele dadurch zustande kommen, dass Atome in ihren Wechselwirkungen so eine Art Feuerwerk machen?' Viele haben sich angestrengt, die Seele aus dem Materiellen heraus zu erklären. Und tun es immer noch. In der Zwischenzeit sind aber andere aktiv geworden, diejenigen, die gesagt haben: ‚Lasst mal das Problem stehen, wir wollen zunächst einmal die Materie gut verstehen, wir haben da noch einige Probleme.' Und auf diesem Weg sind Physiker, also Wissenschaftler, von denen man es am wenigsten erwartet hätte, zur Einsicht gelangt: Wir begreifen nicht einmal mehr die Materie. Das heißt, es ist nicht nur so, dass man mit Hilfe des Materiebildes die Seele nicht verstehen kann. Die Materie verhält sich, provokativ ausgedrückt, auf einmal ‚auch so' wie die Seele. Und an diesen Modus hat noch niemand gedacht. Wir haben nicht einmal versuchsweise, mit Bezug auf die alten philosophischen Betrachtungen der westlichen Zivilisation, die Möglichkeit ins Auge gefasst, dass ‚die Seele den Körper macht'. Und das wäre ja auch eine Möglichkeit."

„Eine beliebte traditionelle Vorstellung war ja nun: die Seele geht in den Körper wie in ein Gehäuse."

„Ja, das hat man gedacht. Und das ist gewissermaßen ein Bild dafür, dass ich auch umgekehrt denken kann. Auch wenn dieses Verschachtelungsbild für uns nicht mehr gilt. Die Seele ist für mich ein Gleichnis für die Verbindungsstruktur, die Seele ist so unfassbar, sie hat keine Ränder. Ich weiß nicht, wo meine Seele ist. Wenn ich mich nach etwas sehne, dann habe ich den Eindruck, sie ist an dem Ort, zu dem ich mich hin sehne. Die Seele hat qualitativ viele Eigenschaften von dem, was die Physik im subatomaren Bereich entdeckt hat. Eigentlich verschwindet das Teilchen auf Atomniveau. Es wird ersetzt durch das Wellenbild von de Broglie und Schrödinger. Es scheint also nur die ‚Seele' der Materie übrig zu bleiben. Wir wussten gar nicht, dass die Materie eine Seele hat – jetzt spreche ich sehr gefährlich, aber nur um es klar zu machen. Wenn ich das Atom angucke, dann ist also nur die ‚Seele' übrig. Vielleicht sollte ich statt Seele allgemeiner vom ‚Geistigen' oder ‚Geist' sprechen, was gewissermaßen die Doppelnatur von Leib und Seele in gewagter Analogie zur Doppelnatur von Teilchen und Welle zum Ausdruck bringt. Denn im Atom stellt sich ja das klassische Schrödingersche Wellenbild als ähnlich unzulänglich heraus wie das klassische Teilchenbild und kann nur durch die nicht-klassische abstraktere potentielle Materiewelle beschrieben werden. Das Seelische hängt für mich mit dem Gefühl zusammen, das für unsere Erfahrung zugänglich ist, obgleich es nicht wie das Körperliche greifbar ist, aber es bezeichnet eine ausdruckfähige Beziehungsstruktur.

Als reine Beziehungsstruktur hat der Geist mehr Ähnlichkeit mit der Seele als mit dem Leib. Er ist nicht nur unbegreiflich, sondern auch ohne direkten Ausdruck, aber auch nicht das Nichts. In der Quantenphysik entspricht dem Geist das, was wir Potentialität nennen. Ich könnte also in Analogie sagen, alles ist aus Geist aufgebaut, Wirklichkeit ist Geist. Die Materie ist eine greifbare Ausdrucksform und das Feld ist eine andere, eine wechselwirkende.
Wenn ich diese Zusammenhänge meinen Studenten erkläre, sagen sie: ‚Wir verstehen überhaupt nichts. Da hast du etwas, das ist sowohl Welle wie auch Teilchen, was soll das?' Dann sage ich, passt mal auf, das ist eigentlich so ähnlich, wie wir uns selbst erleben. Wir sprechen von uns, wir sind Materie, und wir sind auch Seele. Dahinter verbirgt sich etwas Numinoses, das uns im Traum begegnet und als Ahnung in unser Bewusstsein tritt. Jetzt übertragt dieses Bild einmal auf die zugrunde liegende Wirklichkeit. Dann sagen sie, ach so, das verstehen wir schon. Aber das erklärt uns eigentlich gar nichts, wir verstehen den Geist ja auch nicht. Dann sage ich, ja, wir begreifen ihn nicht, aber wir gehen damit um und wir sind nicht erstaunt, dass hier zwei unterschiedlich tiefe Ebenen miteinander verbunden sind. Ich nehme dieses Bild zur Interpretation. Und dann weise ich sie auf die Merkwürdigkeit hin: Wenn ich das Bild beim Atom verwende, dann kann ich sogar diesen Zusammenhang mathematisch beschreiben, ihn also in diesem Sinne ‚verstehen'. Denn ich habe eine Theorie und eine mathematische Formulierung, die mir sagen, die Welle und das Teilchen sind nicht zwei Qualitäten, sondern es ist dasselbe, je nachdem, welche Darstellung ich verwende, also wie ich es angucke. Ich sage nur: ich sehe das. Und ihr müsst mir das glauben, wir haben eine mathematische Formulierung und Gebrauchsanweisungen und alles. Und wir können diese Erkenntnisse kreativ umsetzen. Wir können mit diesen paradoxen Einsichten Fernsehapparate, die ganze Mikroelektronik und vieles andere bauen, was wir heute Technologie nennen, ja auch

so etwas Schreckliches wie Atombomben. Das heißt, wir wissen, was das ist, und wir haben sogar eine Formulierung, in der die beiden komplementären Phänomene auf eine ganz andere Art und Weise verknüpft sind, als die Philosophen das vorher mit Leib und Seele gemacht haben. Ist das jetzt nicht interessant, einmal zu fragen, ob wir eine solche Art von Verbindung nicht auch bei Leib und Seele vermuten können? Nicht nur als Analogie, sondern als eine direkte Folge des tieferen Zusammenhangs in der Wirklichkeit? Für mich, indem ich diesen subatomaren Bereich hier unten verstehe, brauche ich die Dualitäten in meinem Denken nicht mehr. Das ist für mich altes Denken, das ich mir schon abgewöhnt habe. Aber hier habe ich im Hintergrund eine Mathematik, die ich auch erklären kann. Das müsst ihr mir glauben, wir haben eine Mathematik und das ist nicht so ein Fummeln mit dem Stock im Nebel, sondern wir haben das wirklich im mathematischen Kontext verstanden. Das ist ein Abbild einer anderen Struktur, die wir nicht begreifen können. Aber mit der wir in unserem Entweder/Oder-Denken argumentieren und hantieren können. Und nun betrachten wir in analoger Weise Leib und Seele. Die Dualität macht mir dann keine Schwierigkeiten mehr. Ich brauche nicht mehr diese Verschweißungen von zweierlei Verschiedenem. Es handelt sich um zwei äußere Realisierungsformen desselben Potentiellen, das sich nur durch eine Innensicht ahnen und erleben lässt. In der Außensicht, in unserem bewussten Bewusstsein macht es sich auf zwei verschiedene Weisen bemerkbar. Wir sprechen von Psychosomatik und fragen uns mit Erstaunen, wie eigentlich die Psyche auf die Physis, den Körper wirkt? Ja, in Analogie zur Quantenphysik gesehen, sind sie beide einfach die beiden Seiten derselben Münze. In die Luft geworfen hat die Münze unendlich viele Sowohl-als-auch-Orientierungen, fällt sie auf den Tisch, so realisiert sie sich als Kopf *oder* als Zahl.

Innen und außen sind in einer Form verbunden, von der ich nicht weiß, was innen und außen bedeutet. Darf ich denn das, was ich im subatomaren Bereich erkannt habe, wirklich auf den Leib-Seele-Bereich übertragen? Ich habe im Leib-Seele-Bereich doch die Mathematik nicht mehr. Zweifellos muss man die Argumentation umdrehen. Was wir mit Geist bezeichnen und was sich für den Menschen bewusst in Leib und Seele ausdrückt, wird die umfassendere Ansicht sein. Die Quantenphysik vollzieht diesen Zusammenhang dann nur in unserer Sprache nach, die sich dafür wenig eignet und sich primär als lebensdienlich in unserer materiell-energetisch erfahrbaren Lebenswelt herausgebildet hat."

„Das ist aber ein großer Schritt, von dem subatomaren Bereich ganz da unten zum Menschen und wieder zurück. Da ist ja noch unheimlich viel dazwischen."

„Eben nicht. Das ist nur eine Frage der geeigneten Anordnung. Wir kennen das: Differenzierung und konstruktives Zusammenspiel des Verschiedenartigen führt zu höheren Strukturen. Es ist wie ein gigantischer Lernprozess. Dadurch entstehen Verstärkungsmechanismen, welche der Lebendigkeit makroskopisch in der Lebenswelt zum Durchbruch verhelfen können. Aber das ist schon wieder in der alten Sprache gesprochen. In der mathematischen Sprache könnte man dies besser ausdrücken. Anstatt mit dem ‚Sein' fangen wir mit dem ‚Wirk' an. Wirklichkeit ist ein Zusammenspiel von ‚Wirks'. ‚Wirk' ist ein Verbundelement, es ist relationell und nicht materiell."

„Das Wort erfinden Sie jetzt gerade?"

„Das habe ich jetzt gerade erfunden. Jeder überlegt, wie man das ausdrückt: ‚Werden' und ‚Wirk'. Das Werden ist das sich ändernde Sein. Wäre also auch geeignet, wenn es nicht auf das Sein bezogen wäre. Im Englischen könnte man vielleicht ‚doing' oder ‚acting' sagen, das ist dann so ähnlich wie wirken. Das Wirken ist eigentlich das Grundelement."

„Deshalb sprechen Sie dann auch immer von Wirklichkeit und nicht von Realität. Und Goethe lässt den Faust den Anfang der Bibel übersetzen mit: Im Anfang war die Tat."

„Die Wirklichkeit ist aus ‚Wirks' zusammengesetzt. Zusammengesetzt, das geht natürlich schon wieder nicht. Es ist ein ‚Sack voll Wirks' – um einmal ein krasses Bild zu gebrauchen –, was die Wirklichkeit ausmacht. Und diese ‚Wirks' haben eine Wellenstruktur von Wellen, die sich überlagern und hoch korreliert durch Interferenz diese Differenzierungen ermöglichen. Es gibt dafür keine einfachere Erklärung, weil es schlicht und einfach für diesen Sachverhalt in unserer Umgangssprache keine geeigneten Entsprechungen gibt. Aber ich will das ja auch gar nicht erklären. Wir sollten andererseits nicht überrascht sein, dass wir nicht alles in unserer Welt bewusst verstehen oder gar wissen können. Das Bewusstwerden in unserem Gehirn zerstört gerade die Feinordnung, die Kohärenz, die zur Auslotung des Grundes nötig wäre."

☆

Die Sonne sinkt tiefer, der Horizont verschleiert sich hell lavendelfarben, während die Sonne einen verwaschenen Orangeton annimmt. In der Ferne zieht ein Schiff vorbei. Blinzelnd versuchen wir zu erkennen, ob es einen oder zwei Schornsteine trägt.

Wir nähern uns der Gestalt des wellenden Untergrundes noch einmal von einer anderen Seite her, nämlich von der Frage des Verhältnisses von Schärfe und Bedeutsamkeit, Exaktheit und Relevanz. Dürr erzählt mir von Erfahrungen aus dem Institutsalltag:

„Es ist erstaunlich, wie schwer es einem Computer fällt, die Spur eines sich bewegenden Teilchens auf einer Fotoplatte zu sehen, die für das Auge sofort erkennbar ist. Wir sehen gleich, aha, da ist ja so ein Streifen. Für den Computer sind das dagegen nur einzelne aneinander gereihte Punkte, und wenn man genau hinschaut, sieht man, dass die auch ein bisschen verwackelt sind, also nicht genau auf dieser gedachten Linie liegen. Aber das Auge erkennt sofort in diesem Sternenhimmel von Punkten ein paar durchlaufende Linien, weil es eben gar nicht so präzise fixiert. Daran sieht man, dass unsere Primärwahrnehmung anders organisiert ist als das, was der Computer macht. Und dahinter steckt etwas ganz Wichtiges. Wenn wir uns heute darüber beklagen, dass unsere Probleme so komplex werden, und uns fragen: wie sollen wir mit dieser Komplexität umgehen, dann liegt das daran, dass unser technischer Ehrgeiz vornehmlich auf höhere Genauigkeit gerichtet ist. Dahinter steckt die Absicht, immer raffinierter unsere Umwelt zu manipulieren, um sie besser in den Griff bekommen zu können. Raffinierter heißt meist feiner und genauer, was bedeutet, dass unsere großflächige Hand dafür zu grob ist. Wir müssen dazu unsere Finger und fortschreitend immer spitzere Instrumente verwenden, die wir mit den Fingern führen. Der große Nachteil ist dabei, dass uns bei dieser Detailmanipulation der Kontext verloren geht, den ich aber brauche, um Zusammenhänge wahrzunehmen und mich zu orientieren. Um in der Komplexität Relevanz zu erkennen, brauche ich diese Genauigkeit nicht. Im Gegenteil, sie vereitelt sogar die Möglichkeit, das Relevante zu sehen. Ich ertrinke in der Komplexität."

„Wenn man dies in großem Maßstab weiterdenkt, dann zeigt sich aber auch die Gefahr, dass man bei geringerer Genauigkeit nur noch mit allgemeinen Worten daherredet."

Nein, das sieht Dürr anders, das muss so nicht sein. Das sei ja gerade der springende Punkt, dass man dann nicht einfach ungenauer und vager werden müsse. Nein, man kann dadurch auch sehr effektiv das unwichtige Detail unterdrücken. Er erinnert mich an die fraktalen Strukturen, auf die man zum ersten Mal bei der Fragestellung aufmerksam wurde: Wie lang ist eine gewisse Küste? Auf diese Frage gibt es keine eindeutige Antwort, wenn man nicht die Genauigkeit angibt, mit der man sich diese Küste ansehen will.

Man muss sich also entscheiden, ob man auch die Linie noch kennen will, die eine Schnecke oder ein Käfer am äußeren Rand entlang spazieren würde. Je genauer man hinguckt, um so länger braucht man und um so mehr Material muss man verarbeiten. Aber Dürr sagt:

„Die entscheidende Frage ist, was ich eigentlich wissen will. Meistens möchte ich doch alle diese Details gar nicht wissen, sondern einfach nur, wie viele Kilometer das sind, wenn ich mit dem Schiff von einem Hafen zu einem anderen fahre, und da spielt die genaue Küstenlänge gar keine Rolle. Je gröber ich hingucke, um so genauer kann ich die für mich wichtige Aussage bekommen, nämlich wie lange ich von da nach dort brauche.
Wir stellen uns oft eine Genauigkeit vor, die so überhaupt nicht realisiert ist. Denn wenn ich greife, sehe ich doch: Meine Hand hat eine endliche Ausdehnung. Wenn ich also um einen Millimeter danebengreife, merke ich das nicht einmal."

Ich wende ein, dass wir beim Greifen zwar alle ziemlich ähnlich konstruiert sind, bei feineren Strukturen und komplexeren Problemen es aber vielleicht nicht so leicht sein wird, einig zu werden, wo die notwendige Genauigkeitsgrenze liegt.

Aber Dürr hält meinen Zweifeln entgegen: „Ich behaupte: doch! Bei feineren Strukturen hängt dies von der Unabhängigkeit der Bestandteile ab, die bei komplexen Systemen sinngemäß nur ganz schlecht erfüllt ist. Hier führt genaues Sezieren nicht zum Ziel. Und um mich nur zu orientieren, brauche ich nie Genauigkeit. Höhere Genauigkeit ist für die Orientierung eher schädlich, weil ich mich dann mit einer wachsenden Menge von Informationen befassen muss. Wir sind nun mal eine manipulative Gesellschaft, wir wollen nichts lassen, wie es ist, wir wollen alles verändern. Aber wenn wir gute Orientierung brauchen, dann kommen wir mit unserer bloßen Detailsuche in Teufels Küche. Dann müssen wir feststellen: Wenn wir das genauer machen wollen, dann müssen wir unbedingt die Nebenwirkungen so und so berücksichtigen, und dann ist leicht einzusehen, dass wir noch vieles immer genauer wissen müssen. Und dieser Prozess konvergiert nicht. Denn wir gehen hierbei von diesem alten Bild aus, dass die Welt aus Teilen besteht und dass es Sinn macht, über Bestandteile mit dieser Genauigkeit zu sprechen. Aber es macht streng genommen keinen Sinn."

„Ja aber langfristig? Was sollen wir da machen? Dann bliebe ja nur noch die Kontemplation?"

„Nein, nein. Es heißt nur, dass die Frage unseres Überlebens als Gattung nicht so sehr vom schnellen und genauen Zugriff abhängt, wie viele glauben. Wir haben uns als Menschen, wie alle andere Kreatur, sehr langsam entwickelt. Wir leben schon Jahrmillionen. Das ist keine kurzfristige Angelegenheit. Es bedeutet nicht, dass jemand präzise Punktförmiges zusammengebaut und verknüpft hat. Das kriegen wir oder wer immer schlicht und einfach so gar nicht hin. Wir sind eine gewachsene Komplexität, die davon Gebrauch macht, dass alle Dinge mit allen zusammenhängen und dass wir in Strenge und auf Dauer nichts Isoliertes machen können. Gut, unser Verfahren der Genauigkeit ist in manchem lebensdienlich, das will ich gar nicht bestreiten. Unser Bauprinzip, nach dem wir bauen, funktioniert aber nur in dem Maße, wie unsere Welt näherungsweise der alten Vorstellung entspricht, sie sei fest und determiniert. Dann kann ich die Dinge genügend isolieren, sie in kleinere Teile zerlegen und wieder zusammenbauen und Zukünftiges vorhersagen. Ich kann so tun, als ob die Teile unendlich beständige Materie wären und mit anderen eine Wechselwirkung haben. Aufgrund anziehender Wechselwirkung lassen sie sich zu größeren Stücken zusammenbauen. So bauen wir Stück für Stück unsere immer komplizierteren Maschinen und immer höheren Häuser. Aber wir können auf diese Weise nur Dinge schaffen, die eine recht kurze Lebensdauer haben, kurz im Vergleich zur Entwicklungszeit des Lebendigen, vielmehr nur etwa in der Größenordnung unserer Lebenszeit. Und das ist ja für unser Überleben zunächst wichtig."

„Verteufeln Sie hier die Genauigkeit? Oft kommt man doch auch erst durch Genauigkeit zu umfassenderen Einsichten."

„Nein, ich verteufele die Genauigkeit überhaupt nicht. Sie ist die Art und Weise, wie wir logisch scharf denken können. Sie ist Voraussetzung für unser eindrucksvolles mathematisches Begriffsgebäude. Es ist erstaunlich, wie wir mit Begriffen, die in diesem Sinne in der Natur gar nicht vorkommen, doch für uns äußerst brauchbare Landkarten für die Wirklichkeit malen konnten. Aber zu behaupten, dass die Landkarte direkt etwas mit der Wirklichkeit zu tun hat, das ginge zweifellos zu weit. Die Landkarte ist eben genauso gut wie das, was wir damit machen wollen, nämlich uns in der unbegreiflichen Wirklichkeit halbwegs zurechtzufinden. Wenn ich in die Berge gehe, nehme ich je nach dem Gelände eine genauere oder ungenauere Landkarte. Niemand würde auf die Idee kommen, die Landkarte mit der Berglandschaft zu verwechseln. Um das zu erkennen, begebe ich mich in die Wirklichkeit selber hinein, und was ich dann erlebe ist reicher an Eindrücken, aber ungenauer im Detail. Warum ist es reicher? Es ist reicher, was die Beziehungsstruktur anbelangt."

Da wir hier offenbar einen zentralen Punkt von Dürrs Weltsicht berührt haben, bleibe ich weiterhin beharrlich und will wissen, wie eine Haltung, die nicht mehr auf Genauigkeit fixiert ist, bei der Lösung unserer Zeitprobleme erfolgreich sein kann. Wie kann man das Wesentliche im Ungenauen finden? Wie sieht das aus?

„Wie sieht das aus? Zum Beispiel: die Formulierung der zukünftigen Bildungspolitik. Daran sieht man das, was ich meine, recht gut. Da setzen sich immer wieder gescheite Leute zusammen und überlegen sich, wie man so etwas genau machen sollte. Und mir wird sehr ungemütlich dabei. Denn einige glauben, sie könnten durch scharfes Nachdenken herausbekommen, wie eine künftige Bildung genau aussehen und was sie notwendig einschließen muss. Und wie dies alles organisiert werden müsste! Ich würde, die natürliche Evolution des Lebens vor Augen, an diese Frage anders herangehen. Ich würde im Wesentlichen ein Spielfeld für alle vorbereiten und durch geeignete Spielregeln einen Rahmen vorgeben, innerhalb dessen sich, in einem kooperativen Zusammenspiel, Lernprozesse wie Lebensprozesse voll und vielgestaltig entfalten können. Denn die Zukunft ist ja wesentlich offen. Sie erfordert Flexibilität und Vielfalt, da wir doch gar nicht wissen, unter welchen Bedingungen wir uns letztlich bewähren müssen. Also: nur einen Rahmen."

„Als Gedankenexperiment?"

„Nein. Ich würde zum Beispiel sagen: Lasst uns nicht den Inhalt, der in der Schule gelehrt werden soll, detailliert aufschreiben in dem Sinne, was ist später wichtig und was ist unwichtig. Lasst das offen! Schreibt nur auf, was ihr für wesentlich haltet. Das kann viel mehr sein als man je lernen kann. Aber überlasst es den Schulen und den Lehrern, was sie auswählen wollen. Es ist sowieso zu viel, was man eigentlich lernen sollte. Aber sich zu streiten, ob dies oder jenes mehr oder weniger wichtig ist, das führt meines Erachtens in die Irre. Denn es ist wieder fixiert auf etwas, was man sich im Augenblick detailliert vorstellt. Man sagt: ja aber man muss sich doch irgendwie festlegen. Und ich frage: Warum muss man alles festlegen?"

„Nun, man sagt dann, wegen der ‚Gerechtigkeit'."

„Ja, aber welche Gerechtigkeit?"

„Weil einer, der in München Abitur macht, auch in Hamburg studieren können möchte ..."

„Ja, gut, das sind aber menschengemachte Regeln. Das ist ja gerade das, was uns so einengt. Es ist etwas wirklichkeitsfremd gedacht, denn es gibt Gerechtigkeit in diesem detaillierten Sinne gar nicht. Jeder lebt an einem anderen Ort und jeder erlebt etwas anderes, jeder fängt mit anderen Eltern an. Wieder diese Genauigkeit! Ich will nicht die Ungerechtigkeit, aber die genaue Gerechtigkeit macht wenig Sinn. Gerechtigkeit muss sich auf Beziehungsstrukturen gründen. In dem Augenblick, wo ich sie scharf fassen will, löst sie sich auf. Diese Genauigkeit existiert gar nicht. Diese Vorstellung ist vom Menschen gemacht. Er stellt sich eine Struktur vor, nach der er die Sache definiert."

„Was geschieht aber, wenn ich zum Beispiel einen passionierten Schrebergärtner und Veganer als Lehrer bekomme, der mir mit Vorliebe Sachen beibringt, die ja ganz schön sind, aber von so vielem anderen weiß ich dann vielleicht gar nichts?"

„Aber das wissen Sie sowieso nicht. Was heute alles nicht gewusst wird, das ist ja sowieso schrecklich. Ich sehe, dass im Augenblick ohnehin nur ein Wissen geschätzt wird, Verfügungswissen, das zum Ausüben von Macht dient, oder Bemächtigungswissen, wie ich es nenne. Die große Aufregung ist doch: Wirtschaftsstandort Deutschland! Unsere Schüler und Schülerinnen sind schlechter, angeblich, als die in anderen Ländern. Ich finde es schon bedenklich, wenn nicht fahrlässig, solche Aussagen ohne genauere Qualifikation in den öffentlichen Raum zu stellen, weil besser oder schlechter sich doch meist nur auf einen gelernten Unterrichtsstoff bezieht. Als ob Qualität sich einfach in Kategorien wie ‚größer' oder ‚kleiner' definieren lässt! Qualität ist unendlichdimensional. Und ich möchte wissen, welche Kriterien sie verwenden, um überhaupt besser oder schlechter sagen zu können.
Ich finde unsere Schulen im Schnitt ziemlich schlecht verglichen mit dem, was Schule sein könnte, aber es gibt auch einige lobenswerte Beispiele, welche sich nicht alles von den Kultusverwaltungen diktieren lassen. Aber nun zu sagen, die Schüler und Schülerinnen sind einfach schlechter als anderswo, weil sie dieses oder jenes an stofflichen Inhalten nicht können, das geht am Wesentlichen vorbei. Wenn ich an mei-

ne Lehrer denke: da war für mich das Inhaltliche, was sie boten, gar nicht so wichtig. Wenn ein Lehrer von irgendetwas begeistert war, dann hat er rübergebracht, warum etwas interessant ist und wie es mit bestimmten Details zusammenhängt. Aha-Erlebnisse ermöglichen und Neugierde wecken sind die wesentlichen Einstiege für eigenständiges, lebenslanges Lernen. Am besten wäre, man könnte sich die Lehrer je nach Neigung auch etwas aussuchen. Aber jedenfalls so, wie heute üblich, wo Stoffüberfülle und Hast Nachdenkliches und Kreatives erdrücken, reift man keine reichen Ernten. Es ist ganz klar: Wenn man alles offen lässt, geht es auch nicht. Wenn man aber glaubt, das Wissen einschränken zu sollen auf den Stoff, wovon einige glauben, dass er inhaltlich gewusst werden muss, dann präpariert man die Kinder auf etwas, das meist keine Rolle mehr spielen wird, wenn sie erwachsen sind.

Wir sprechen heute davon, dass die Industriegesellschaft in eine Wissensgesellschaft übergeht. Aber wir tendieren überhaupt nicht in Richtung einer Wissensgesellschaft. Wir werden nicht von Wissen erhoben und beflügelt, sondern wir werden von Informationen überschwemmt und erdrückt. Wir sind eine Informationsgesellschaft. Besser noch: Wir sammeln unendlich viele Daten. Wissen ist das, was ich als kritischer Mensch auf Grund von Vorwissen und Vorstellungen an Informationen ausgewählt und in ein Wissen verwandelt habe. Wir nennen doch nicht Wissen, was im Computer drinsteckt. Das ist Material für Wissen. Der Begriff Wissensgesellschaft legt auch die Vorstellung nahe, als ob die Menschen in der heutigen modernen Gesellschaft ein viel größeres und profunderes Wissen hätten als die Menschen früherer Gesellschaften. Die haben ein anderes Wissen gehabt und zweifellos waren es nur wenige. Die Leute heute wissen nur andere Dinge, sie wissen mehr Bescheid über Autos und andere vom Menschen fabrizierte Dinge. Aber über andere Dinge und Beziehungen, die im eigentlichen, im echten Sinne lebensdienlich sind, kennen sie sich nicht aus. Sie wissen ja nicht einmal mehr, was sie essen."

„Um auf die Orientierung zurückzukommen: mir fällt ein, dass Sie mich einmal auf das Beispiel mit der Taschenlampe aufmerksam gemacht haben: In der Dunkelheit kann man sich besser orientieren, wenn man die Taschenlampe ausmacht und nicht den scharfen Lichtstrahl auf irgendein Detail richtet. Zukunftsorientierung ist ja so etwas wie Wegsuche in die Dunkelheit hinein."

„Ja, das ist genau das, was ich meine."

„Das Taschenlampenbeispiel wird sicher jedem einleuchten. Aber wenn man bei sehr komplizierten Problemen auf Details und Präzision verzichtet, prallen dann nicht doch nur noch Meinungen aufeinander?"

„Nein, ich meine eben nicht dieses Entweder/Oder. Ich behaupte nur, wenn wir uns in einer komplexen Welt orientieren wollen, dann können wir das nie mit unserem Detailwissen. Es ist trotz seiner Fülle dafür viel zu dürftig. Das Detailwissen haben wir im Hintergrund, es kann uns Hilfestellung geben, ganz konkret aber auch als Beispiel und Gleichnis. Wenn wir uns orientieren, dann müssen wir der Wirklichkeit anders gegenübertreten, mehr überschauend als blickend, mehr fühlend und tastend als greifend, mehr ahnend als rechnend. Wichtig ist: Wir können beides."

„Einmal ist es der nächste Schritt auf dem Weg, und das andere Mal geht es um die ganze Landschaft."

„Genau. Und die Orientierung in der Landschaft und der nächste Schritt – das ist eben grundverschieden. Beides ist wichtig, man kann und darf es nicht gegeneinander ausspielen."

„Die Orientierung haben wir also zu lange vernachlässigt. In der westlichen Welt ist durch das Verblassen des Christentums die Übung im Orientierungsdenken ja sehr zurückgegangen."

„Nicht nur durch das Verblassen des Christentums,

sondern allgemeiner des Geistigen und Numinosen. Durch die Konzentration auf das Mate-rielle, was heute so viel Kraft und Zeit in Anspruch nimmt, verschließt sich uns immer mehr die geistige Dimension, die allein uns Orientierung geben kann. Konkret heißt dies: Weg vom Detail! Schaut euch doch die Situation im Ganzen an und mit anderen Augen !"

In mir nagt weiterhin ein lästiger Zweifel über die Konsensfähigkeit dieses Verfahrens, auch wenn mir ganz evident einleuchtet, dass dies der zukünftige Weg sein muss. Aber Dürr ist optimistisch, dass man dieses Orientieren lernen und entwickeln kann, wenn man sich an eine andere Art zu sehen und zu argumentieren gewöhnt:

„Man kann hier Konsens erzielen, wenn man überhaupt gewohnt ist, sich umzusehen. Viele werden sagen: Ich verstehe gar nicht, was du damit meinst. Was heißt ‚Umsehen'? Die daran nicht gewöhnt sind, sind sozusagen kurzsichtig, sie haben die Weitsicht nie geübt. Sie sagen, es ist für mich alles verschwommen, wenn ich mich im Weiten umsehe. Aber dem kann man entgegnen: Ich muss so etwas schon von dir verlangen. Die Weitsicht benötigt gar nicht diese Schärfe der Kurzsicht, die dich vor dem Stolpern schützt. Weitsicht ermöglicht Zusammenhänge zu überschauen, Beziehungen zu erkennen. Weitsicht, auf das innere Auge bezogen, ist die Innensicht, die Versenkung, die in der Verbundenheit lebt."

Zwei Kinder kommen zum Strand, ein Junge und ein Mädchen. Sie haben Steine mitgebracht, die sie nun anfangen mit schräg gehaltenem Kopf flach übers Wasser zu werfen. Wir sehen die einzelnen Hüpfer, mal sind es mehr, mal weniger, und verfolgen die begonnenen Linien unwillkürlich bis zum

Horizont, so dass ein ganzes Gewirr sich kreuzender Spuren entsteht.
Aus dem aufspritzenden Wasser weht ein frischer Duft nach Wasserpflanzen und Fischen herüber.

Dürr sagt also, wir müssten das ‚Umsehen', ein geistiges In-die-Ferne-schauen lernen.

„Könnte man so etwas in den Schulen unterrichten?"

„Ja, das kann man lernen. Es ist ganz klar, dass es nicht leicht ist. Beim Bergsteigen bedeutet dies zum Beispiel, dass man von Zeit zu Zeit den Kopf hebt und nicht nur auf die eigenen Füße und das, was direkt vor einem liegt, schaut. Übrigens heißt ‚umsehen' nicht: ganz unscharf sehen. Die Einstellung des Auges geht ja normalerweise so schnell, dass wir gar nicht merken, dass das Auge sich verändern muss, wenn es in die Ferne guckt oder in die Nähe. Durch eine Erweiterung der Pupille kann es ähnlich auch seine Empfindlichkeit enorm steigern. Das ist für die Nachtwanderung ohne Taschenlampe entscheidend. Wenn wir früher im Institut unsere Experimente mit den Scintillationsschirmen gemacht haben, mussten wir eine halbe Stunde lang völlig im Dunklen sein. Erst dann entwickelte das Auge eine Sehfähigkeit, dass es einzelne Photonen aufblitzen sah, die von Elektroneneinschlägen stammten. Das heißt also, dass es auch einer gewissen Ruhe und Konzentration bedarf, um sich auf eine neue Situation einzustellen. Orientierung geht auch nicht so vor sich, dass man einfach kurz hochguckt und dann wieder runterguckt. Es bedeutet ein Sichversenken, um das Gesamtbild auf sich wirken zu lassen."

„In der Landschaft ist die Orientierung aber leichter, weil ihr eine sichtbare Wahrnehmung entspricht. Schaut man in die Zukunft, muss man mit dem inneren Auge sehen. Und das ist viel schwerer."

Dürr ist der Ansicht, dass man bereits dann, wenn man die ganze Landschaft anschaut, dazu das innere Auge benötigt,

denn das Bild, das man dann innerlich aufbaut, kommt auch aus den Erfahrungen, die man in sich trägt.
Das leuchtet mir ein. Ich denke da an Kaspar Hauser. Er dachte zunächst, die Landschaft, die er durchs Fenster sah, sei auf die Scheiben gemalt, weil er noch nie in einer Landschaft herumgelaufen war.

„Außerdem: wir schauen ja auch nicht in die Zukunft hinein", meint Dürr, „die Zukunft ist sowieso für uns nicht erschließbar, weil sie offen, noch gar nicht festgelegt ist. Ich schaue nicht voraus, ich frage nur, was sind die Faktoren, welche die Zukunft beeinflussen und formen. Ich sehe da mehr, je mehr Erfahrung ich habe. Insbesondere stelle ich fest, dass ein Faktor für uns Menschen außerordentlich schwierig ist, ich meine das, was wir technisch ‚Rückkopplung' nennen. Ihre Einschätzung ist in so hohem Maße schwierig, dass es mich immer wieder überrascht, wie wenige sich darum sorgen. Es ist in der Tat schwierig, wenn ich irgendetwas unternehme, nicht nur zu bedenken, was für Konsequenzen es unmittelbar hat, sondern die sekundären Folgen zu berücksichtigen, die aus den Reaktionen von Betroffenen darauf resultieren. Wir müssen also in Betracht ziehen, dass unsere Aktionen die Aktionen anderer verändern, so dass wir auf diese Weise durch unser Tun neue komplizierte und unüberschaubare Bedingungen schaffen, die wir bei einer Vorausschau oder zu unserer besseren Orientierung einbeziehen müssten."

„Zum Beispiel Vertrauen."

„Ja. Oder dass, wenn ich jemanden mit einer Aktion bedrohe, dieser aufgrund der Bedrohung seine Meinung ändert und andere Dinge macht, die vorher noch nicht in meinem Bild waren. Sie werden sagen, das ist doch ganz klar, dass er auf diese Weise anders reagiert. Ich kam mit ihm gut aus und jetzt beleidige ich ihn, dann explodiert er."

„So weit, so klar."

„Diese Rückkopplungseffekte zweiter und dritter Ordnung erzeugen ständig Korrekturen an dem Bild von Kausalgeschehen, das ich im Kopf habe. Diese Effekte können aber so enorm sein, dass eine Aktion, die ein gewisses Problem lösen sollte, letztlich genau das Umgekehrte bewirkt von dem, was eigentlich beabsichtigt war."

„Sie wollen nun ja aber gerade nicht so detailliert vorgehen wie beim Schachspiel: wenn ich das mache, dann kann er dies und jenes machen und dann mache ich wieder das. Nein, Sie wollen ja eher eine umfassende Orientierung, Sie wollen ja eine andere Einstellung erreichen."

„Richtig. Und das ist wieder das, was diese mehr intuitive und ganzheitliche Lebenshaltung hat. Sie sieht das Zusammenspiel dieser verschiedenen Einflussfaktoren nicht als unabhängige Akteure. In der Gesamtsicht sind diese immer schon miteinander vernetzt, so dass das Kausalgeschehen sich nicht mehr aus der Summe der einzelnen Aktionen aufbaut."

„Aber wie mache ich das? Wie kann ich das Netz haben, ohne die Knoten des Netzes einzeln zu knüpfen?"

„Im Kleinen handeln wir doch meistens auf diese Weise ganzheitlich. In unserem Alltagsleben tun wir das dauernd. Ich gehe mit der komplexen Situation als komplexer Situation um. Ich lebe zum Beispiel mit einem Partner zusammen. Und wenn ich mich frage, wie wird er auf etwas reagieren, das ich ihm sage, dann überlege ich mir nicht die Einzelheiten, sondern ich weiß einfach, wenn ich etwas in dem und dem Tonfall sage, wird es die oder eine ähnliche Reaktion geben."

„Aber es geht doch um freie Menschen. Die könnten doch jeweils auch anders."

„Freilich. Freilich. Aber genauer geht's einfach nicht. Die Wirklichkeit ist nicht genau fassbar. Selbst wenn ich einen Computer beauftrage, er soll eine Million Einzelheiten berücksichtigen: es wird nicht besser, es wird eher schlechter."

„Das ist ein wichtiger Gesichtspunkt: es nützt nicht nur nichts, sondern es wird sogar noch schlechter, wenn man immer mehr ins Detail geht."

„Anderes als diese Detailversessenheit zu vermeiden, ist gar nicht möglich. Was wir brauchen, ist nur, dass wir im Rahmen eines Korridors bleiben. Gut, ich werde die Sache so formulieren, mit meinem Partner zum Beispiel, dass ich sicher bin, dass er nicht total ausflippt. Dass er nicht einfach die Tür zuschlägt und mich verlässt. Die Natur fragt sozusagen, wie lässt sich leben ohne diese letzte Genauigkeit? Die Natur macht es so, dass sie robust, dass sie fehlerfreundlich ist. Sie sagt, es spielt auch keine Rolle, wenn etwas ein bisschen nebenraus läuft. Dann geht es eben nebenraus. Aber es wächst sich nicht zu einer Katastrophe aus."

„Das Individuum spielt bei diesem Verfahren aber nicht so eine Rolle. Ob es dabei draufgeht, ist dann egal."

„Nein, die Natur ist viel schlauer. Wenn man bedenkt, was sie alles einbaut, dass ein Individuum hundert Jahre alt wird, das ist fantastisch robust gemacht. Das heißt, es ist nicht so, dass die Natur jedes Individuum sofort opfert, wenn es einen Fehler macht. Unser Organismus ist wahnsinnig robust in dieser Hinsicht, aber nicht unendlich robust. Die noch viel größere Robustheit liegt dann in der Gesamtheit. Aber die absolute Sicherheit gibt es schlicht und einfach nicht. Das hat auch damit zu tun, dass die Natur gar keine Sicherheit haben will, sondern was sie haben will, ist, dass es lebendig weitergeht."

„Und gerade dazu braucht sie Offenheit und Risiko."

„Das Risiko ist immer da. Man muss sich eher fragen, wie ist dennoch eine gewisse Sicherheit möglich? Die Sicherheit ist nur so etwas wie die ‚Kruste' der Wirklichkeit. Wir müssen am umgekehrten Ende anfangen: Wie reduziert sich diese prinzipielle Unsicherheit, so dass zum Beispiel diese Pinie auch morgen noch eine Pinie ist? Wenn ich in die Welt der Atome gehe, diese Sowohl-als-auch-Potentialität, dann finde ich dort eben überhaupt keine Sicherheit mehr, dann weiß ich nicht einmal, was Determinismus ist. Wir gehen aber so sehr von der Sicherheit aus, dass wir die Unsicherheit als die Störung einer gesicherten Welt betrachten. Es ist aber gerade umgekehrt. Die Unsicherheit, die Offenheit ist das Primäre. Natürlich sind einige Sicherheiten da. So gibt es in der modernen Physik einige Prinzipien, die eine Sicherheit darstellen und die auch sehr viel mit der Stabilität der Welt zu tun haben. Wenn wir zum Beispiel den Erhaltungssatz der Energie betrachten oder den Erhaltungssatz der elektrischen Ladung – dass die Gesamtenergie oder die Gesamtladung zeitlich gleich bleiben –, dann haben wir hier einige fundamentale Prinzipien, die auch heute noch, in gleicher Strenge wie früher, in der modernen Physik gelten. Das sind Formprinzipien, die mit Symmetrieeigenschaften zusammenhängen. Nichts Materielles ist festgelegt, aber gewisse Formstrukturen haben zeitliche Invarianz."

„Man kann also nur sagen, dass das statistische Verhalten dieses Bienenschwarms von Teilchen, die sich dauernd in Bewegung befinden ..."

„Dass das eine Gesamtgröße ist, die gleich bleibt, und alles, was innerhalb dieses Gesamtrahmens ist ..."

„Sprengt diesen Rahmen nicht."

„Sprengt diese Form nicht. Ja, ganz genau, sprengt diese Form nicht. Das ist das Einzige, was man hat."

„Das ist aber doch ziemlich viel."

„Nein, das ist überhaupt nicht viel. Wenn ich sage, die Baryonenzahl in der gesamten Welt ist zehn hoch 80, dann habe ich über diese Pinie noch gar nichts ausgesagt. Was heißt es, wenn ich den Tisch mit allem anderen, zum Beispiel dem Andromedanebel, zusammenzähle? Ich brauche in meinem Alltagsleben viel mehr. Die Statistik gibt ja nur an, mit welcher Wahrscheinlichkeit etwas passiert. Die Wahrscheinlichkeit für die Fortdauer dieser Pinie ist sehr hoch. Ich kann das ausrechnen."

„Gut. Die Wahrscheinlichkeit, dass die Pinie morgen auch noch hier steht, ist sehr, sehr hoch. Wenn die Wahrscheinlichkeit sehr hoch ist, dass zum Beispiel ein Tisch morgen noch da ist, dann nenne ich das alltagssprachlich sicher. Dann interessiere ich mich nicht mehr für die verschwindend kleine Möglichkeit, dass es auch anders sein könnte."

„Okay. In der Hinsicht ja. Aber Sicherheit heißt eigentlich etwas anderes. Es bleibt die Frage, wie es kommt, dass bei gewissen Dingen die Wahrscheinlichkeiten so übermächtig werden. Die Sprache müsste eigentlich eine andere sein. Anstatt sich zu fragen, wie kommt es zu Unsicherheit, sollte man sich fragen: Wie kommt es, dass ich eine Differenzierung der Wirklichkeit habe, die in unteren Bereichen zu Konfigurationen mit großer Wahrscheinlichkeit führt? Und diese Konfigurationen haben eine ziemliche Unabhängigkeit voneinander. Wie kommt das? Das ist nicht in Gesetzen festgelegt, sondern ist Folge einer speziellen Ausprägung. Das ist etwas total anderes. Ich will ein anderes Beispiel nehmen, das etwas einsichtiger ist. Wir haben die Gravitationsgesetze, die zum Beispiel sagen: Wenn ich zwei Körper habe, bewegt sich der kleinere auf einer Ellipsenbahn um den größeren, also etwa die Erde um die Sonne. Das Naturgesetz legt das fest. Aber auch die klassische Physik legt nicht fest, warum es eine Erde gibt, die genau auf dieser Bahn ist. Es ist dafür keine Gesetzlichkeit da, es ist einfach so, wenn die Erde auf dieser Bahn ist, bleibt sie auf dieser Bahn. Dann ist die Wahrscheinlichkeit, dass sie von der Bahn heruntergeht, ziemlich klein. Das heißt, es gibt kein Naturgesetz, das mir in diesem Punkte erklärt, wie es dazu gekommen ist, dass die Erde überhaupt in dieser Bahn ist. Aber wenn sie in dieser Situation ist, kann ich eine Wahrscheinlichkeit ausrechnen, wie die nächste Situation aussieht. Und diese ist geprägt von der vorherigen."

„Geht ein Astrophysiker nicht davon aus, dass er, wenn er nur noch mehr wüsste, schon vom Urknall an erklären könnte, warum es zu einer Erde gekommen ist?"

„Jetzt fängt man an, auch das wieder zurückzuverfolgen. Das ist die typisch mechanistische Vorstellung, dass ich anfange, die Phänomene zurückzuverfolgen und dann wieder kausal zu erklären. Erst war das, und dann musste das kommen und dann das und so weiter. Es ist ganz wichtig, wenn ich zurückgehe, dass ich diese kausale Verknüpfung nie verliere. Gut, ich kann sehr wohl, wenn ich eine bestimmte Situation habe, angeben, wie die nächste aussehen kann. Aber nur mit einer gewissen Wahrscheinlichkeit. Zum Beispiel, dass die Erde im nächsten Augenblick immer noch Erde sein wird. Aber es kommen ständig andere Faktoren hinzu, die weitaus weniger festgelegt, die offen sind, die dann dieses Geschehen wieder beeinflussen, und dann kann ich den ganzen Gang nicht mehr zurückverfolgen. Ich kann nur sagen: ich kann verstehen, dass etwas aus einer bestimmten Situation entstanden ist, aber warum ich genau auf diese Fährte gekommen bin, das kann ich nicht verstehen. Das heißt, ich kann die augenblickliche Konfiguration nicht aus einer einzigen früheren ableiten, sondern ich kann nur sagen, es ist eine Möglichkeit gewesen, dass dies hier sich entwickelt hat. Es gibt kein Naturgesetz, das mich zwingt, mich auf diese Bahn zu begeben. Ich kann nichts zwingend ableiten. Auch der Urknall sagt nicht, warum die Erde hier ist.

Nehmen wir also einmal den Urknall an. Das heißt eigentlich nur: Ich kann mir vorstellen, wie sich Materie gebildet hat und wie sich Elemente gebildet haben. Dies sind Fragen, die sehr grob sind: Warum gibt es diese Elemente, die wir haben? Warum gibt es Uran, warum gibt es Eisen? Was ist die Wahrscheinlichkeit der Verteilung dieser verschiedenen Elemente im Weltall? Welche Stationen muss das Weltall durchlaufen haben, damit diese alle in den ungeheuer hohen Temperaturen gekocht wurden? Am Anfang war ja nur Licht. Das Licht hat sich dann zu Materie verklumpt. Wie kam es, dass ein Überschuss von Materie gegenüber der Antimaterie da ist, die ich nicht mehr sehe. Wie haben sich aus dieser Materie, die zunächst nur aus Wasserstoff und Helium bestanden hat, die schwereren Atomkerne gebildet? Wie ist es gekommen, dass die Materie, wenn sie sich genug verteilt hat, anfing, zusammenzuklumpen? Wie sind die Spiralnebel entstanden? Wie die Sonnen, die einen Schweif haben, in dem sich Planeten bilden, Planeten, die sich im Wesentlichen wieder zusammenklumpen, also nicht als Staub herumfliegen. Das sind eher die Dinge, die man ausrechnen kann. Aber warum genau das und jenes *im Einzelnen* übrig geblieben ist, davon hat man wenig Ahnung. Man würde vielleicht sagen, gut, dazu muss man mehr wissen. Ich würde sagen: man kann es nie wissen. Auch weil man auf Grund der Chaostheorie weiß, dass man das gar nicht berechnen kann. Dies bleibt im Wesentlichen offen."

„Und Ihre feste Überzeugung ist: Mit dieser Einsicht müsste man eigentlich auch an komplizierte Probleme herangehen."

„Ja. Dort, wo wir vernünftig sind, praktizieren wir das ja eigentlich auch ständig. Ein Soziologe wird sagen, die Vorstellungen, die wir im letzten Jahrhundert noch hatten – und dazu gehören auch unsere Wirtschaftstheorien Marxismus und Kapitalismus –, das sind ja noch Vorstellungen, die auf der Grundlage der klassischen Physik gemacht wurden. Man ging davon aus: wenn wir nur genügend Leute bezahlen, werden sie uns alles Nötige ausrechnen, und dann können wir sehr genau planen, was passiert. Das ist aber Unsinn. Es geht nicht. Und zwar geht es prinzipiell nicht. Wir brauchen Leute, die neue Situationen erfassen. Ja wie? Jetzt kommt es. Wie erfassen wir neue Situationen? Und da behaupte ich: Wenn wir immer nur auf das zurückgreifen, was wir kognitiv verarbeitet haben, wäre das viel zu ärmlich, um mit unserem Leben zurechtzukommen. Wir brauchen unsere ganzen Erlebnisse und nicht nur unsere bewussten Erfahrungen, die kognitiv zustande gekommen sind. Eigentlich heißt es doch immer: Du brauchst gar keine Regeln, du musst aber einmal am Tag den Blick nach innen richten. Dann spiegelt man sozusagen die persönliche Fragestellung am großen Zusammenhang."

„Wir haben ja schon zu Anfang unseres Gespräches unterschieden zwischen ‚Erfahrung', die für Sie kognitiv verarbeitete Wahrnehmung ist, und ‚Erlebnis', das umfassender ist."

„Ja. Erlebnis ist überhaupt noch nichts, das in Begriffe gefasst wäre. Wenn ich sage, ich habe ein Erlebnis gehabt, dann merkt man, wie man anfängt zu stottern, weil man gar nicht recht weiß, wie man das beschreiben soll. Wir haben eine Schwierigkeit, es dem Anderen begreiflich zu machen. Es ist die Frage, wie man das bezeichnen soll. Ich nenne es ‚Erlebnis'. Den Begriff ‚Erfahrung' verwende ich für den Versuch, dieses Erlebnis umzusetzen, indem ich es mir bewusst mache und es in Worte fasse. Das Erlebnis ist etwas Spontanes. Aber ich habe nun in meiner Erziehung beigebracht bekommen, wie ich so etwas ordne. Es ist ja wahrscheinlich gar nicht so sehr der Kopf, der hier beteiligt ist, sondern vielmehr auch das Herz. Ich lerne also, Erlebnisse zu Erfahrungen zu machen, sie systematisch einzuordnen, damit ich mit Erlebnissen wiederum Erfahrungen sammeln kann. Ich versuche, etwas Lebensdienliches aus den Erlebnissen zu lernen. Das heißt, ich ziehe meine Erfahrung aus dem Erlebnis, und diese Fähigkeit ist ganz eng mit unserer Lebenstüchtigkeit verbunden. Wenn ich dann Schlussfolgerungen ziehe, dann gibt es bestimmt eine, die ich sozusagen scharf formulieren, die ich auch begreifen und die ich auch zum Manipulieren einsetzen kann. Das ist dann die verstandesmäßige Verarbeitung des Erlebnisses. Es gibt aber auch noch die Möglichkeit der Einordnung des Erlebnisses in einen allgemeineren Zusammenhang, den man traditionellerweise Vernunft nennt. Wir denken heute bei Erlebnisverarbeitung mehr an die verstandesmäßige Verarbeitung. Von der Vernunft, an die man früher viel mehr gedacht hat, ist heute weniger die Rede. Was ist die Vernunft? Ich würde sagen, sie ist eine Aufarbeitung des Erlebnisses, die aber nicht nur die reflektive Rationalität mit einbaut. Sie pocht nicht so sehr auf die saubere Abtrennung des Subjektiven und des Objektiven. Vielmehr lasse ich, wenn ich die Vernunft sprechen lasse, das, was ich letzten Endes als Erfahrung aufbaue, nicht unabhängig von der emotionalen Bewertung. Denn das analytische Rationale kennt ja eigentlich keine Bewertung außer ..."

„Außer falsch und richtig."

„Ja, diese falsch/richtig-Beurteilung wird auch angewandt, wenn es um ethische Bewertungen geht. Wir lesen dann zum Beispiel irgendwo in der Bibel, du sollst dieses oder jenes tun oder unterlassen. Auf diese Weise hat sich ja unsere heutige Ethik entwickelt. Wir haben Bewertungen, aber sie stehen als Kodex aufgeschriebener Gesetze da, die beachtet werden müssen. Wenn wir vergessen, was und wie wichtig Religion ist und dieser nur noch eine Lückenbüßerrolle zugestehen, dann ..."

„Dann kommt die Ethik von außen."

„Ja, dann kommt die Ethik von außen. Es erscheint mir als ein Hauptproblem, dass wir die Ethik in unserer praktischen Handhabung als etwas Äußeres aufgenommen haben, obwohl sie ja ursprünglich als eine innere Aufforderung verstanden werden sollte. Sie wurde ja erlebt als etwas, das nicht von Menschen gemacht ist. Heute laufen wir schon Gefahr, dass die Leute fragen: Brauchen wir diese Ethik denn überhaupt? Oder ist sie nicht nur ein Fossil, das keine innere Bestimmung hat? An dieser Stelle komme ich wieder auf die Vernunft zu sprechen. Was ist die Vernunft? Meines Erachtens geschieht dann, wenn wir uns auf die Vernunft beziehen, dieses, dass wir einen Zeugen aufrufen, den wir als Erlebnis wahrnehmen, eine Instanz, die wir nicht selbst hervorgebracht haben, die vielmehr von Anfang an da war. Der Kern des Selbst ist dann aber nicht das subjektive Selbst, das wir als Ego wieder von außen betrachten können, sondern das ist eine Instanz, die nicht diese Privatheit hat."

„Mit Eigenschaften?"

„Nein, dieses Selbst hat keine Eigenschaften. Die Eigenschaften – das ist ja schon wieder die andere Denkweise, dass wir Dinge auseinander nehmen. Das Selbst ist immer nur das Selbst. Und es kann eigentlich gar nicht von sich selber reden."

„Verändert es sich Ihrer Meinung nach auch nicht in irgendeiner Weise durch den Gang der Geschichte? Ich frage jetzt deshalb so genau nach, weil ich genauer wissen will, wie nahe das, was Sie sagen, dem Buddhismus ist."

„Der Ausdruck ‚verändert' ist problematisch, wenn man damit die Vorstellung verbindet, dass die Wirklichkeit sich im Hintergrund in der Zeit verändert. Man täte dann so, als entstünde aus dem Seienden im Laufe der Zeit das Sein. Und das ‚gibt' es wahrscheinlich gar nicht, nach den Erkenntnissen der Quantenmechanik. Es ‚gibt' eigentlich nur das Werden, ein reines Wirken. Die Wirklichkeit ‚ist' nicht, sie wirkt! Das ‚Ist' ist wieder eine Festlegung, es schraubt das fest, was lebt."

Die Sonne nimmt immer mehr eine glutrote Farbe an. Bitterharzig duftet der Rosmarin. Sein Duft erscheint stärker, weil mit aufziehender Abenddämmerung die Landschaft als optischer Reiz schwindet. Es wird auch stiller.

„Es ‚gibt' eigentlich nur das Werden", noch einmal wiederhole ich für mich diesen Satz Dürrs.
Ich verstehe seine politische Aktivität und seinen Handlungsmut jetzt besser als je zuvor. Er ist offenbar fähig, durch seine lange Beschäftigung mit dem ‚wellenden' Untergrund und durch eine Art Hingabe daran, sich seiner inneren Stimme zu überlassen, ohne sich an deren Ungenauigkeit zu stören. Die innere Stimme der Vernunft wird gespeist von dem, was Dürr ‚Erlebnis' nennt, also von der Komplexität der äußeren und inneren Wahrnehmung und zugleich von dem, worin diese wurzeln.
Ungenauigkeit und Offenheit können so erlebt werden ohne das begleitende Gefühl der Beliebigkeit. Dürr erlebt diesen

Untergrund, die allem zugrunde liegende Wirklichkeit offenbar so stark und auch so vertrauensvoll, dass mögliche Einwände wie: ‚Du überträgst hier etwas, was du in der Physik erkannt hast, auf die gesamte Wirklichkeit' als nichtssagend erscheinen müssen.

Ich ahne jetzt, woher er die große Kraft nimmt, so gut wie ständig auf Reisen zu sein in alle Erdteile, Vorträge zu halten, Initiativen anzustoßen und am Leben zu halten. Er lebt aus dem heraus, von dem er eben sagte: „Eine Instanz, die wir nicht selbst hervorgebracht haben, die vielmehr von Anfang an da war." Diese Haltung ist Religion.

Die Kinder neben uns, die vorhin mit den Steinen geworfen haben, erheben sich und gehen lachend fort. Wir hören, wie sich das Lachen allmählich in der Ferne verliert. Die Sonne ist nun ganz rot.

Ich würde so gerne noch ein bisschen weiter mit ihm über das Selbst reden:

„Oft denke ich an eine Äußerung, die Sie einmal in den „Toskana-Gesprächen"* gemacht haben, als es um Unsterblichkeit ging. Man hat Sie da gefragt, was Sie denn davon hielten, und Sie haben so ungefähr geantwortet, je mehr man dem ‚Grund' sich verbindet, also nicht an der Oberfläche bleibt, desto unsterblicher ist man."

„Ja."

„Wenn Sie nun vom Selbst sprechen, ist damit das gemeint, was mit dem ‚Grund' verbunden ist?"

„Überlegen Sie sich mal, was Sie da zum Ausdruck bringen! Welche Art von Antwort erwarten Sie auf diese Fra-

* Dürr/Meyer-Abich/Mutschler/Pannenberg/Wuketits: Gott, der Mensch und die Wissenschaft, Augsburg 1997.

ge? Die Antwort, die ich Ihnen geben könnte, wäre ja nur eine, die praktisch in der Sprache ausgedrückt wäre, die gar nicht dazu fähig ist, das zu tun. Das wäre das Gleiche, wie wenn Sie mich zum Beispiel als Farbenblinden fragen, wie sehen Sie das Rot? Da sehen Sie die Unmöglichkeit der Frage. Sie macht in diesem Kontext überhaupt keinen Sinn. Weil nämlich in diesem Fall die Voraussetzung der Farbe gar nicht gegeben ist. Das heißt, ich versuche eine Auskunft in einer Sprache, die dem nicht angemessen ist, was gefragt ist. Wenn die Wirklichkeit etwas ist, das keine spezielle Form hat, sondern die Form selbst ist, wie soll ich dann antworten ‚es ist'? Man muss die Sache einfach umdrehen, muss sie schlicht und einfach umdrehen, und dann wird es ja ganz einfach. Man muss umgekehrt fragen: Wie kann es sein, dass das, was überhaupt keinen Namen hat, sich uns erfahrbar macht, so als ob es verschiedene Namen trüge? Dass es in einer Form auftritt – auch ich als Individuum für eine gewisse Zeit lang –, so dass ich sagen kann: ich lebe."

„Ich wiederhole noch einmal die Frage, wie Sie sie für sinnvoll halten: Wie kann es sein, dass das, was keinen Namen hat, sich uns in einer Art und Weise zeigt, dass wir doch darüber reden?"

„Genau das ist es."

„Wie es sein kann? Aber ich kann doch nicht stellvertretend von dem ausgehen, das keinen Namen hat, und fragen, wie es dies oder jenes macht. Ich kann nur sagen: ich habe Erlebnisse, die sich mir so darstellen, dass ich gleichzeitig dabei erlebe, du hast dafür gar keinen Namen, du hast aber dennoch das Erlebnis. So ist das Erlebnis zunächst."

„Nur so ist es. Aber das heißt, Sie werden nie hinter das kommen, was keinen Namen hat. Sie können nur in gewisser Weise beschreiben, wie es in bestimmten Situationen dazu kommen kann, dass man Formen davon wahrnehmen kann, die sich dann in der in einem bestimmten System gängigen Sprache ausdrücken lassen."

„Sie meinen jetzt zum Beispiel die Selbstorganisation? Daneben versuchen die Menschen aber jeweils im Rahmen ihrer Religion doch über das zu reden, was wir letzten Endes nie benennen können. Wir wollen doch immer wieder darüber reden."

„Nein, ich will überhaupt nicht davon reden. Das ist ja gerade der Punkt. In dem Augenblick, wo ich weiß, dass es nicht in meine Sprache passt, will ich nicht mehr darüber reden. Das muss ich ja schon in der Quantenmechanik lernen, dass gewisse Fragen schlicht und einfach nicht gestellt werden dürfen, weil sie gar keinen Sinn machen. Sonst könnte ich Quantenmechanik gar nicht betreiben. Da kann man mich natürlich fragen: Wie gehst du dann damit um? Was uns in der Quantenmechanik selbstverständlich hilft, ist, dass wir uns in einer anderen Sprache, die rein mathematisch ist, eine Konstruktion machen. In dieser Sprache können wir das, was eigentlich keinen Namen hat, dann doch wieder benennen, ohne es uns vorzustellen. Und wir können dann all diese Unmöglichkeiten, die wir auszudrücken probieren, dort durchexerzieren und simulieren. Auf diese abstrakte Weise können wir genau verstehen, warum wir, wenn wir in einem gewissen Zustand eines Hilbert-Raumes sind, nicht sagen können, wie der Hilbert-Raum selber aussieht. Und das ist ja nun auch unsere Situation. In der Mathematik haben wir dieses System als Konstrukt aufgemalt. Es ist nicht so, dass ich das wirklich begreifen kann, sondern wir haben die Sowohl-als-auch-Unbestimmtheit umdefiniert als eine unendliche Entweder/Oder-Offenheit, indem wir uns einen unendlich dimensionalen Raum einfach aufgeschrieben haben. Ich werde aber niemals danach gefragt, was ich mir dabei vorstelle, sondern nur, welche Konsequenzen sich aus dieser Struktur ergeben. Strukturen haben wir aber durchaus damit eingefangen in dieser Sowohl-als-auch-Welt. Es ist also deutlich geworden, dass es Strukturen gibt, obwohl die Wirklichkeit unendlich offen, jedoch nicht beliebig offen ist. Und mit dieser Struktur zeige ich nun, dass ich Unterstrukturen erzeugen kann, und dann kann ich sagen: aha, jetzt bin ich doch da angekommen, wo ich lebe. Das ist dann meine kleine Welt und da habe ich dann diese ganz andere und ganz unzureichende Sprechweise in meinem Alltagsleben."

„Glauben Sie, im Reden über das Selbst oder gar über Unsterblichkeit haben wir etwas Analoges?"

„Ja. Einfach, dass ich diese Fragen nicht stellen darf. Es gibt keine Antwort in unserer Sprache."

„Ich meinte, analog zum Verfahren der Mathematik."

„Nein, ich sehe, auch die Mathematik ist eine Krücke. Sie ist so gemacht, damit ich mit dem Denken, das ich noch begreifen kann, umgehen kann, mir eine Vorstellung machen kann, wie eine Struktur sozusagen eingebettet ist. Das ist nur eine Simulation, aber die hilft mir nichts in Fragen der Religion, weil ich weit entfernt davon bin, hier rechnen zu können, um der Wirklichkeit zu entsprechen. Die Schlussfolgerung, die ich daraus ziehe, ist: Jetzt habe ich verstanden, was es heißt, eine sinnlose Frage zu stellen."

„Was ist dann Religion für Sie? Nichts über das Sie noch reden?"

„Nein, der entscheidende Punkt ist doch: dass ich diese Fragen schlicht und einfach nicht beantworten kann, heißt doch nicht, dass man keine Fragen stellen kann, die man beantworten könnte. Ich kann zum Beispiel ohne weiteres sagen: Leute, da sind also mehrere verschiedene Kulturen mit sehr verschiedenen Vorstellungen über das, was man nicht begreifen kann. Jetzt versucht doch nicht, die eine gegen die andere auszuspielen!"

„Gut, das ist aber noch nicht sehr viel."

„Das ist überhaupt nicht wenig. Es ist doch der ganze Streit, um den es geht. Wir leben in einer Welt, in der noch viele glauben, dass ihre Religion eine nur noch nicht ganz gewusste Wahrheit ist. Dass es doch eine richtige Religion, eine Wahrheit gibt."

„Aber um diese Einseitigkeit einzusehen, braucht man doch keine Quantenmechanik."

„Nein, aber sie ist vielleicht hilfreich, insbesondere für uns, in unserer wissenschaftlich orientierten Zivilisation. Denn wenn man dann nur sagt, es ist sowieso egal, jeder Kulturversuch ist gleichwertig mit allen anderen, dann kann auch ein Hitler kommen und behaupten: Ich definiere eine Kultur so, wie ich will. Oder jeder Spleenige kann so etwas tun, wenn er nur die Macht hat, einen gewissen Bereich umzukrempeln. Aber so ist es ja nicht. Auch die Kulturen sind wieder eingebettet in einen größeren Zusammenhang und die Frage der Verträglichkeit stellt sich durchaus in der Gesamtheit der Kulturen. Es stellt sich schon die Frage, ob es hier gewisse Invarianten gibt, die aber nicht so abgetastet werden können, dass man nur die heiligen Bücher studiert und versucht, sie auszudeuten mit unserem Hier-Verstand. Wir sollten versuchen, mit einer anderen Sprache, die metaphorisch ist, den Sinn auszuloten. Vielleicht erkennen wir dann Entsprechungen nicht mit unserem Verstand, aber sehr wohl mit unserer Vernunft, die ja eingebettet ist in diesen großen Zusammenhang. Das Erleben ist größer, wenn wir anerkennen, dass wir mehr erleben können als wir begreifen. Dann würden wir wieder eine andere Betrachtungsweise in der Welt haben. So dass wir das, was erlebt wurde, nicht sofort dem Verstand unterwerfen und alles rausschmeißen, was nicht in das Verstandesnetz hineinpasst. So handeln wir ja heutzutage. Wir sollten unserer Intuition und auch unseren traditionellen Einsichten, die sich ja seit vier Millionen Jahren bewährt haben, ein ganz anderes Gewicht geben. Sie haben ja etwas zum Ausdruck gebracht, das wir nicht einfach als überholt betrachten sollten, nur weil wir jetzt auf einem gewissen Gebiet, wo unsere Sprache greift, etwas enorm aufgeblasen und für uns überdimensional wichtig gemacht haben, ohne dabei an den Menschen zu denken. Ohne daran zu denken, ob er eigentlich an dieser Stelle Nahrung braucht und nicht an einer ganz an-

deren Stelle, wo unser Glücksgefühl im Grunde angesiedelt ist.
Wir sollten dem Erlebten eine neue Chance geben und sagen: lasst uns das Erlebte, das sehr tief erlebt ist, nicht einfach nur als überholte Tradition betrachten, die irgendwann mal eine Rolle gespielt hat. Geht davon aus, dass da ein Stück echter Weisheit verborgen ist, die mit dem Gesamtzusammenhang zu tun hat. Lasst uns das nicht einfach wegwerfen, sondern lasst uns das sehr sachte auch einmal austauschen und im Dialog ausprobieren, ob wir nicht herausfinden, dass die Menschheit, die diesen Dialog führt, Gemeinsamkeiten finden kann. Wir können dann zwar verschiedener Meinung sein, wurzeln aber trotzdem alle im Selben. Und das wäre eine gute Basis, wenn wir nun in einer globalen Welt eine Gesamtkultur aufbauen wollen, in der wir verschiedene Sprachen und verschiedene Kulturen sehr wohl zulassen. So können wir eine Weltzivilisation entwickeln, die nicht darauf besteht, dass die eine Kultur die andere totschlagen muss."

„Wichtig ist, dass gar nicht alle gleich werden müssen."

„Ja, das ist genau der Punkt, das ist die Stelle, wo die Einsichten der Quantenmechanik auf dem Weg der Analogie hilfreich werden. ‚Gleich' ist doch definiert in Bezug auf unsere jetzige Sprache. Wir können aber sagen, die Sprache, die wir sprechen, ist eine ganz begrenzte Sprache. Das Geistige, das uns verbindet, ist gar nicht in dieser Sprache beschreibbar. Wir können davon nur metaphorisch reden, und das in vielen unterschiedlichen Gleichnissen. Die verschiedenen Kulturen entsprechen ja in gewisser Weise verschiedenen Gleichnissen. Wenn wir verstanden haben, was ein Gleichnis ist, dann müssen wir noch großzügiger sein. Wir müssen auch noch erkennen, was ein Gleichnis in Bezug auf unsere eigene Sprache ist. Wenn wir zum Beispiel die Bibel in verschiedene Sprachen übersetzen, dann verwenden wir ja Gleichnisse. Aber bei diesen Sprachübersetzungen tun wir immer noch so, als ob es Übersetzungen im strengen Sinn gäbe. Und das ist ja auch

wieder ein Missverständnis. Jede Sprache hat einen Kern, der nicht übersetzbar ist, weil er dort ansetzt, wo diese Sprache ihre eigene Erlebnisstruktur verwirklicht hat. Und die lässt sich nicht übersetzen. Das Erlernen einer Fremdsprache bedeutet, dass es Wörter gibt, die ich aus der anderen Sprache übernehmen muss, weil ich das Gemeinte in meiner Sprache nicht sagen kann, die da nicht genau genug ist. Ich kann also nachvollziehen, dass die Gesamtstruktur der Kulturen reicher ist als die Summe der Kulturen, nebeneinander betrachtet."
Ich freue mich so über seine temperamentvolle lange Rede, dass ich richtig strahle – was er, sofern ich das richtig deute, fast väterlich amüsiert zur Kenntnis nimmt.
Für meinen Eindruck hat er seine Bemerkung von vorhin nun selbst etwas entschärft oder ihr zumindest die Schärfe genommen, die ich herausgehört habe. Er hat das magere Ergebnis: wir können von der Quantenphysik lernen, dass es Bereiche gibt, über die wir grundsätzlich nicht reden können, nicht so mager stehen lassen, wie ich es schon so oft von anderen Naturwissenschaftlern gehört habe. Vielmehr ist es ihm gelungen, dennoch das religiöse Erleben zu retten. Zu retten vor der von vielen hier favorisierten Lösung: Religiöses Erleben ist je beliebiges Privatvergnügen. Er tut dies auf dem Weg, den ihm andererseits das quantenphysikalische Denken auch nahe legt: Religiöses Reden ist metaphorisches Reden. Damit ist es der Poesie nahe. Aber das bedeutet eben nicht beliebiges poetisches Gefühlsgedusel, denn auch das religiöse Erleben hat seine ‚Korridore', seine ‚Rahmen', seinen Potentialitätenspielraum, der, wie er es nennt, orientiert ist an der ‚Verträglichkeit', damit am größeren Zusammenhang, am Wesentlichen der vielfältigen religiösen Traditionen.

Ganz in der Nähe kommt ein Fischerboot an Land. Ich sehe darin graue und silbrige Fische glänzen, große und kleine.

Da wir das Thema verschiedene Kulturen berührt haben, kommt Dürr auf unsere westliche Kultur zu sprechen:

„Ich persönlich halte die westliche Kultur nicht für überlebensfähig, weil sie so viele Lebensprinzipien verletzt. Wir sind eine sehr aggressive Kultur. Wenn wir das Aggressive nicht in unserer Kultur hätten, dann würde ich auch die unsere für überlebensfähig halten. Aber wir sind ja auf Unterwerfung aus."

Ich bringe den Begriff ‚globales Denken' ins Spiel und dass es sicher zu wenig wäre, wenn eine Kultur nur selbstgenügsam für sich bliebe.

„Ja", entgegnet er, „aber wenn wir einmal die Kulturen der am Buddhismus orientierten Länder nehmen, sie sind auch global, ohne aufs Manipulieren versessen zu sein. Es ist ja nur für uns, die wir so wahnsinnig am Machen interessiert sind, so, dass der Globalismus als etwas erscheint, was eigens erfunden gehört. Andere Kulturen haben aber nie so wie wir das Getrenntsein gesehen und betont. Auch das Christentum hat letzten Endes im Kern nicht partikulär gedacht. Es war immer das Globale gemeint: es gibt den einen Gott und die eine Welt, und diese ist eigentlich von geistiger Form. Das heißt also, diese Auftrennung in Teile kam erst mit dem Materialismus. Und nun fangen wir an, auch im Materialismus den Globalismus zu predigen, und dann heißt dies meistens nur Unterwerfung. Das ist meines Erachtens das Hauptproblem. Wenn ich das Christentum ansehe, verstehe ich auch nicht, weshalb sich das Christentum in diese Richtung entwickelt hat, so dass wir so imperialistisch geworden sind. Wenn ich mir vorstelle, dass das Christentum eigentlich den liebenden Gott hat, im Zentrum, das ist doch fantastisch. Und das ist doch verloren gegangen, ich weiß nicht an welcher Stelle, am

Sonntag hört man manchmal noch davon. So etwas wäre ein Globalismus, der ja überhaupt keine Schwierigkeiten macht, weil er im Fremden auch den Partner sieht. Wenn wir aber heute über Globalismus sprechen, dann meinen wir damit: Dein Erdöl ist auch mein Erdöl, das ist doch das Problem.

Wenn ich sage, es sei ungeheuer wichtig, dass wir aus der Denkweise des 19. Jahrhunderts herauskommen und dass wir ein anderes Denken brauchen, das auch unsere Beziehung zur Welt radikal verändert, dann taucht immer die Frage auf, wieweit das Christentum noch mit hereingenommen werden kann. Das interessiert die Menschen sehr. Ich habe den Eindruck, die Christen sagen dann, das kriegen wir schon hin, wenn wir etwas weiter zurückgehen in das Urchristentum. Wir haben viele Interpretationen aufgesammelt in den letzten 2000 Jahren. Vielleicht kann alles auch noch anders gedeutet werden. Ich habe da aber immer Schwierigkeiten. Das Christentum, wie es heute erlebt und verbreitet wird, hat für mich kaum noch etwas mit dem Christentum des Jesus zu tun, der doch die Liebe verkündet hat. Da ist doch etwas verloren gegangen in dieser ganzen Entwicklung.

Die Kirche betont sehr das Bild des Gekreuzigten. Das hat wohl wesentlich mit der Menschwerdung des Göttlichen zu tun. Dies sollte jedoch zunächst im größeren Zusammenhang mit der Frage nach der Schöpfung als ganzer gesehen werden, in die der Mensch ja auch einbezogen ist. Diese spiegelt aus meiner Sicht den viel allgemeineren Prozess der ständigen Objektwerdung von Wirklichkeit wider, einer Verwandlung von Potentialität in jedem Augenblick in Realität, in gewisser Weise einer ‚Inkarnation' des Geistigen. Warum ist die Gegenwart für uns erlebbar? Warum geschieht das Erlebnis immer nur in der Gegenwart? Weil in der Gegenwart die Potentialität gerinnt. Dadurch wird ‚Wirk' zu einer realen ‚Wirkung'. Und die Potentialität geht in eine reale Wirkung über. Das ist, was wir dann als ein Ereignis, als Veränderung erleben. Ich habe den Eindruck, dass Vorstellungen dieser Art auch im Hintergrund des Christentums schlummern. Hierdurch kommt dann auch etwas herein, was im Buddhismus nicht so offensichtlich zum Ausdruck kommt. Der Buddhismus hat ja eher die Vorstellung von Kreisläufen, einer ewigen Wiederkehr. Im Christentum wird hier, wenigstens in seiner modernen Ausformung, mehr eine ständige dynamische Fortentwicklung betont, diese allerdings mit einem Anfang und dann auch mit einem bestimmten Ende. Die ständige teilweise Umwandlung von Potentialität in Realität entspricht mehr einem ewigen Schöpfungsprozess im echten Sinne. Schöpfung meint hier mehr als Entwicklung, Entfaltung oder Auseinanderfalten von etwas, was schon vorher da ist. Es geht um echte Kreation aus Geistigem, für das Raum und Zeit noch bedeutungslos ist. In jedem Augenblick wird die Welt neu als Realität geschöpft, wie eine lebensdienliche Gewohnheit als weitgehend festgelegte Form, bei der die ursprüngliche Freizügigkeit jedoch in der immateriellen Lebendigkeit noch durchscheint."

Dürr nimmt eine Hand voll Sand und wirft sie erregt von einer Hand in die andere. Dazu sagt er leise: „Es gibt nicht so etwas wie die eine Wahrheit, sondern die eine Wirklichkeit hat etwas mit Wahrscheinlichkeiten zu tun. Sich-berufen auf die Wahrheit bedeutet, etwas erstarren zu lassen. Man ersetzt dann die Offenheit durch die Bestimmtheit. Auf diese Weise verhält man sich wie die ausgebreitete Hand, die greifend sich Gewissheit zu verschaffen versucht und damit das Gegriffene aus dem lebendigen Kontext reißt. Damit schließt man sich aus und katapultiert sich letzten Endes aus der Evolution heraus."

„All dies setzt voraus, dass die Einsichten der Quantenphysik auch gültig sind auf der Ebene des geistigen Lebens."

„Wenn wir sagen, die Wirklichkeit ist Quantenmechanik, dann meinen wir nicht das, was wir da an unseren Universitäten lehren, sondern Quantenmechanik suggeriert eine andere Weltsicht, so wie die Newtonsche Mechanik eine

klassische Weltsicht gefordert hat. Die Quantenmechanik stößt eine Tür auf in die zugrunde liegende Offenheit der Welt. Die offene Welt schafft in ihrer Selbstorganisation unsere Teilwelt, von der wir lange als einzig möglicher ausgegangen waren. Diese Öffnung muss man heute als intensives Erlebnis sehen: Mein Gott, ich kann mich ja nicht mehr darauf verlassen, dass mein Denken ausreicht! Viele Fragen, die mir früher sinnvoll erschienen, haben in dieser Welt keinen Sinn! Sie sind nur noch erlaubt in bestimmten Bereichen. Unsere Makrowelt ist fantastisch verlässlich mit einer Genauigkeit, die an Gewissheit grenzt. Aber man muss immer sehen: Auf was richtet sich eine Frage. Sie ist schlicht verboten, wenn sie nicht den Bedingungen dessen angemessen ist, wonach sie fragt.
Wie finden wir uns nun aber in einer Welt zurecht, die in ihrem Grunde so offen ist? Sie gibt mir die Möglichkeit, dass ich zu dem Schluss komme – das ist nun nicht mehr bloße Quantenmechanik, sondern führt darüber hinaus –, dass mein Handeln nicht determiniert ist. Dass es auch einen Unterschied ausmacht, wie ich handle, so dass das Reden über Verantwortung nicht leer ist. Dass also meine Verantwortung nicht die eines Zahnrades in einer Uhr ist, das im richtigen Augenblick den Zeiger um eine Sekunde weiterschiebt, das im richtigen Augenblick sozusagen das ‚Gefühl' hat, jetzt muss ich den Zeiger weiterschieben, während ein Beobachter sagt: Dein Verantwortungsgetue ist ja lächerlich, du kannst gar nicht anders! Diese Denkweise müssen wir nicht zwangsläufig haben. Der Quantenmechaniker könnte dann vielleicht immer noch sagen: Du bist doch nicht frei! Wenn du eine Million mal in dieselbe Situation kämst, dann könnte ich dir nachweisen, dass du einem Wahrscheinlichkeitsgesetz unterworfen bist.
Aber für mich ist die Botschaft der Quantenmechanik: Auch diese Beschränkung wird sich herausstellen als eine, die ihre Bestimmtheit verliert, weil ich *verstanden* habe, wie Unbestimmtheit zu einer ungefähren Bestimmtheit führen kann.

Das ist sozusagen ein Schlüsselerlebnis. Damit haben wir ja Schwierigkeiten – intuitiv. Wir fragen immer noch: wie kann aus einer Unbestimmtheit so etwas Solides kommen? Wir halten das für unmöglich. Wir versuchen immer, die Grundlage solider zu machen, damit etwas Solideres entstehen kann. Nur diese abgestumpfte, erstarrte Form kennen wir bisher in unserem Alltagsleben – und daher der Hang zu dieser immensen Präzision im Detail, damit nur nichts schief geht. Das ist aber eine Denkweise, die mit dem alten Weltbild zusammenhängt. Die muss ich aufgeben und ich muss verstehen, wie das Umgekehrte passiert.
Das Handeln ist nicht beliebig. Die Freiheit verwirklicht sich eben innerhalb eines Korridors. Den freien Willen eines völlig gesonderten, absichtsvoll handelnden Individuums – diese Freiheit gibt es sicher nicht. Aber es gibt wohl die Freiheit, die irgendwo zwischen diesem und der totalen Determiniertheit liegt."

„So ist ja auch unser Erleben. Man erlebt die Freiheit als sehr kleinen Spielraum. Und ich erlebe sie als abhängig auch von allen Entscheidungen, die ich vorher getroffen habe. Deshalb ist der Freiheitsraum insgesamt ja auch größer als er im jeweiligen Augenblick erscheint, weil ich all meine Freiheitsmomente in der Vergangenheit dazu zählen muss. Heutige Einschränkungen können die Folgen früherer Entscheidungen sein."

„So ist es. Es ist eine Art von eingeschränkter Freiheit, von der auch das Leben auf unserer Erde in seiner dreieinhalb Milliarden Jahre langen Evolution Gebrauch gemacht hat. Es bedient sich dabei immer wieder präferierter Lebensformen, die einerseits beliebig unwahrscheinlich aussehen können, andererseits auf Grund der Korrelation von allem mit allem und der Art des konstruktiven Zusammenspiels des Ganzen dennoch bevorzugt sind. Auf jeden Fall vollzieht sich freies Handeln nicht in einem strengen Entweder/Oder. Oft ist es so, dass wir uns für eine ganze Richtung entscheiden, in die wir weitergehen. Wir können ja auch handeln, ohne im Augenblick zu überlegen. Aber dieses Handeln ohne zu überlegen bedeutet nicht, dass ich es mir überhaupt nie überlegt habe."

„Vielleicht schon vor zehn Jahren."

„Ja, und irgendwann handle ich spontan – auf einem ganz komplexen Hintergrund."

„Da sehen wir dann doch einen deutlichen Unterschied zwischen unserer Freiheit und der eines Elementarteilchens. Unsere Freiheit realisiert sich in der Geschichte."

„Ja, in der Tat. In der Quantenmechanik beobachten wir Elementarereignisse. Alles flackert nur. Es entstehen Dinge und vergehen Dinge."

Die Soziologie betrachtet den Menschen ja häufig unter dem Gesichtspunkt der Statistik. Ich bin zwar frei, mir im Sommerschlussverkauf ein rotes T-Shirt zu kaufen. Aber im Durchschnitt werden im Sommerschlussverkauf so und so viele rote T-Shirts verkauft. Das konnte man erwarten aufgrund des bisherigen Verhaltens der Käufer und der Intensität der Werbung.

Ich sollte mich in diesem Zusammenhang aber daran erinnern, was Dürr schon vorhin ausgeführt hat: Entscheidend ist der Geist, aus dem heraus der Mensch handelt. Ein Mensch im manipulierten Kaufrausch des Sommerschlussverkaufs hat wenig gemein mit einem Komponisten im Schaffensrausch. Aber wie ist unser Alltag – handeln wir nicht meistens als Massenmenschen?

„Das ist wohl richtig für die meisten Sachen", sagt Dürr, „die Frage ist, ob es prinzipiell stimmt, ob nichts übrig bleibt. Es ist ganz klar, dass das meiste, was die Menschen tun – weil sie auch keine echte kreative Ader mehr entwickeln –, Massenphänomene sind, über deren Verteilung man statistische Aussagen machen kann. Aber mich hat das Erlebnis der Quantenmechanik eher in eine andere Richtung gelenkt. Ich nehme eher an, dass immer, wenn wir Regelmäßigkeiten finden, zum Beispiel auch die Regelmäßigkeit, dass die statistische Verteilung der Quantenmechanik als solche wieder determiniert ist – also nicht der Einzelfall, sondern die Verteilung –, dass auch hier ein Tatbestand ‚unter gewissen Umständen' vorliegt. Wenn wir unsere Experimente machen, dann haben wir so fädige Systeme."

„Fädig? Langweilig?"

„Ja, in dem Sinne von einspurig: Das System ist so künstlich gemacht, dass es seine eingeprägte Originalität und Vielfalt gar nicht ausspielen kann. Daraus leiten wir dann ab: es kann gar nicht anders. Ein Elementarteilchen ist ja so etwas Primitives, primitiver geht es nicht mehr. Wenn ich diese Teilchen in großer Zahl habe, verhalten sie sich eben wie ein Massenphänomen. Und das sogar auf eine ganz besondere Art, was darin zum Ausdruck kommt, dass Elementarteilchen gar nicht der uns gewohnten Boltzmann-Statistik genügen, sondern je nach Teilchenart, ob Bosonen oder Fermionen, entweder der Fermistatistik oder der Bosestatistik. Die Fermistatistik ist dabei die grundlegendere, weil aus ihr die andere abgeleitet werden kann. Ihr gehorchen zum Beispiel die Elektronen, welche die ganze Chemie und Biologie bis zum Menschen beherrschen. In der Fermistatistik kommt die ganz seltsame und extrem folgenreiche Eigenschaft der Elektronen zum Ausdruck, dass verschiedene Elektronen nicht nur die gleichen Eigenschaften, wie Masse und Ladung, haben, sondern darüber hinaus sogar miteinander identisch sind. Sie verhalten sich also nicht wie Klone, die – ähnlich wie bei eineiigen Zwillingen als zwei Personen – getrennt gezählt werden müssen, sondern wie ein und dasselbe Elektron in vielfältig

örtlicher Erscheinung. Inniger kann ein Zusammenhang von allem mit allem kaum gedacht werden. Dies führt unter anderem dazu, dass zwei Elektronen nie im gleichen Zustand sein, sich gewissermaßen nie treffen können – als Pauli-Prinzip bekannt –, weil sie ja eigentlich dasselbe, also nur Spiegelbilder von sich selber sind. Die verschiedenen Atome verdanken diesem Umstand ihre unterschiedliche Schalenstruktur mit allen ihren vielfältigen chemischen und biologischen Folgen. Das Massenphänomen beim Menschen hat aus dieser Sicht nur wenig Ähnlichkeit mit dem der Elementarteilchen. Menschen bilden zudem wegen ihrer Unterschiedlichkeit nicht einmal ein statistisches Ensemble. Ich würde also in Anwendung der Heisenbergschen Unschärferelation sagen: Ich kenne keine experimentelle Anordnung, mit der ich die Frage entscheiden könnte, ob der Mensch in seinen Handlungen durch eine solche Wahrscheinlichkeit determiniert ist. Ich kann mir überhaupt nicht vorstellen, wie so ein Experiment im Prinzip ausgeführt werden sollte.
So scheidet die für eine verlässliche Messung notwendige Methode einer vielfachen Durchführung unter gleichen Bedingungen aus, da wir im Gegensatz zu einem Elektron beim Menschen nie die gleiche Situation und damit die gleichen Anfangsbedingungen herstellen können. Denn jeder Mensch existiert in seiner speziellen Eigenart nur einmal, so dass dieses Experiment nicht gleichzeitig parallel an vielen Gleichen ausgeführt werden kann. Bei einer Wiederholung des gleichen Experiments beim gleichen Menschen können wir aber nicht mehr davon ausgehen, dass der Mensch im strengen Sinne derselbe ist, da er sich ständig wandelt und insbesondere wegen seiner Teilnahme am Experiment auch durch zusätzliche Wahrnehmung und neues Wissen sich stetig verändert. Es ist deshalb experimentell prinzipiell nicht entscheidbar, ob sein Verhalten wirklich frei oder durch feste Wahrscheinlichkeiten festgelegt ist. Wir haben dann – wie bei der Unschärferelation der Quantenmechanik, wo durch keinerlei Experi-

mente Ort und Impuls gleichzeitig festgestellt werden kann – auch hier eine unentscheidbare Frage, für die sich deshalb eine ähnliche Schlussfolgerung wie in der Quantenmechanik anbietet.
Der eigentliche Witz der Quantenmechanik ist ja gerade, dass nicht das Unvermögen, gleichzeitig Ort und Impuls messen zu können, entscheidend ist, sondern dass im Hintergrund eine allgemeinere Dynamik steht, die diese Frage nach gemeinsamer genauer Bestimmung von Ort und Impuls als unsinnig erklärt. Die Quantenmechanik könnte deshalb aufgrund der neuen Situation sich wiederum nur als ein Durchgangsstadium zu einer noch allgemeineren Dynamik erweisen, was heißen könnte, dass die Gesetzmäßigkeit der Wahrscheinlichkeit im Allgemeinen durchbrochen werden könnte. Die Potentialität, das Ganze, wäre also noch offener. Unter diesem Gesichtspunkt betrachtet, wäre es den primitiven Elementarteilchen nicht erlaubt, diese weitere Offenheit auszunutzen. In Bezug auf den Menschen aber und das Lebendige wäre die größere Offenheit zugänglich und als Gestaltungswille sichtbar.
Das ist doch eine fantastische Sache, dass wir uns in einer Welt bewegen, die an der Basis in der von uns erfahrenen Form gar nicht vorhanden ist! Wenn wir einmal verstanden haben, dass eine chaotische und offene Welt, die mit sich selbst im intensiven Dialog ist, eine regelmäßigere und geschlossenere Struktur liefert als die ihrer Grundlagen, dann haben wir etwas sehr Wichtiges erkannt!"

„Kann man sagen, insofern sich der sicherheitssuchende Mensch statistisch berechenbar verhält, ist er eigentlich noch auf einer Stufe, die dem, was er eigentlich kann, nicht adäquat ist? Das verschenkt er?"

„Ja! Er verschenkt seine Lebendigkeit!"

„Aber er braucht diese statistisch ausgemittelte, determinierte Struktur als Basis. Er steht auf dieser Sicherheit! Nur umfasst dies nicht alles, was er kann."

„Das ist der Punkt. Wenn man die kosmische Evolution betrachtet, hat die Lebendigkeit erst einmal wenig Chancen, sich zu etablieren. Zunächst mittelt sich die anfängliche Lebendigkeit der Elementarteilchen wieder heraus. Dann sagt man: schade! Das fängt mit so vielen Optionen an, und jetzt kommt nur dieser langweilige ausgemittelte Brei heraus. Die absolute Langeweile setzt sich da aufgrund der schieren Masse durch. Jetzt taucht aber noch ein weiterer Ast auf. Es bilden sich nicht nur höhere Atomkerne, sondern noch viel raffiniertere Strukturen, die beliebig unwahrscheinlicher sind. Es schleicht sich etwas ein, so dass die Lebendigkeit, die in der Basis existiert, in Gesamtkompositionen wieder sichtbar wird. Viele Einheiten schaffen so Strukturen, die man gar nicht Baustein für Baustein aufbauen könnte. Es bildet sich dann eher so etwas heraus von der Art, wie man ein Gewölbe macht. Wenn man es Stück für Stück machen würde, würde es zusammenstürzen. Es hält ja erst, wenn es fertig ist, zusammen mit dem Keilstein. Wir benutzen dafür normalerweise ein Gerüst. Im virtuellen Raum wird diese Möglichkeit des Gewölbes aber ‚gesehen' und ohne Umwege verwirklicht. Man könnte nun erwägen: Vielleicht befindet sich ja zufällig ein Haufen von diesen Bausteinen genau an der entscheidenden Stelle, so dass so etwas wie ein Gewölbe entsteht. Aber die Wahrscheinlichkeit dafür ist beliebig klein. Die Quantenmechanik dagegen lässt zu, dass sehr viele Stücke gleichzeitig miteinander ‚spielen', und wenn die Einheiten ‚sehen': da gibt es einen Zustand, der stabiler ist als andere, ‚entdecken' sie ihn spontan und realisieren ihn, obwohl alle Zwischenzustände nicht stabil sind und er vom Ausgangszustand klassisch betrachtet nicht erreichbar erscheint. Sie ‚tunneln', wie wir Physiker das nennen, einfach durch bestehende Hindernisse hindurch. Es besteht immer eine gewisse Tunnelwahrscheinlichkeit. Ein Elektron tunnelt durch unwahrscheinliche, ‚verbotene' Situationen hindurch und kümmert sich nicht darum, weil es ihm ziemlich egal ist, dass das verboten ist. In unserem Alltag muss ich an einem Ort gewesen oder geeignet informiert worden sein, um über ihn etwas zu wissen. Für Elektronen und andere Quantenzustände gilt dies nicht: *Alle ahnen alles.* Es gibt überhaupt keine Situation in dieser Wirklichkeit, wo ein ‚Ich' nicht gleichzeitig auch woanders ist – obgleich jeweils nur mit einer gewissen winzigen Wahrscheinlichkeit jeweils. Auch das ist missverständlich, weil mit dem ‚Ich' hier nicht das äußerlich wahrnehmbare ‚Ego' mit seiner geronnenen materiellen Form gemeint ist, sondern das innere, wahrnehmende ‚Ich'. Auf der Ebene des Lebendigen kommt eine neue Gemeinsamkeit in Bewegung, die wir in der Instabilität erleben und die uns wiederum erlaubt, in der Schwebe zu verweilen."

Die Sonne geht unter. Ich konzentriere mich auf den letzten Moment, in dem ihr Licht über den Horizont scheint, weil man dann angeblich ganz kurz einen grünen Strahl sehen kann. Aber auch diesmal gelingt es mir nicht, ihn zu erwischen.

„Gehe ich zu weit, wenn ich aus dem, was Sie eben sagten, ableite: Fasse das Wünschenswerte, das Sinnvolle fest ins Auge! Auf diese Weise könntest du auch zu Zielen gelangen, die nur dann unerreichbar erscheinen, wenn du dich bloß auf die materiellen Details konzentrierst. Sehe ich es also richtig, wenn ich mir vorstelle: dann, wenn man sich innerlich bereits beim Ziel aufhält, besteht die Möglichkeit, dorthin zu ‚tunneln', wenn gleichzeitig genügend Energie zugeführt wird und gewährleistet ist, dass das System ‚in der Schwebe' bleibt?"

„Nein, so soll dies nicht verstanden werden. Die Gedankenfalle liegt hierbei im ‚ich' und ‚sich', das Sie bei Ihren Überlegungen als äußerlich und sich zugehörig betrachten.

Das ‚Ich', das ‚tunnelt', gehört zu dem größeren ‚Ich', das kein Namenschild mehr trägt. Es ist schon immer hier und dort – oder besser: sehr viel hier und ganz wenig dort –, muss also nicht von hier nach dort gelangen. Aber die Vermutung mag wohl schon gerechtfertigt sein, dass man mit intensiven Wünschen und Hoffen etwas bewirken kann, wo unsere physische Hand nicht hinreicht."

Der Schwebezustand in der Instabilität hat es mir angetan, aber ich verstehe ihn noch nicht so ganz. Dürr nimmt einen Zettel aus seiner Jackentasche und zeichnet darauf eine der bekanntesten Kippfiguren, die mit der Vase und den zwei Gesichtern. Dann fordert er mich auf, zwischen den beiden Bildmöglichkeiten hin und her zu springen. Kein Problem.

Und dann weist er mich darauf hin, dass es kurz, bevor ich zum nächsten Bild springe, einen Zustand gibt, in dem „ich alles in einem einzigen Bild irgendwie wahrnehme. Aber darüber kann ich nicht reden. Denn ich erlebe es ausgebreitet und unfokussiert, so dass ich nicht sagen kann, wo ich in dem Augenblick bin, ob ich da bin und dort. Es ist aber nicht so, dass ich bei dem einen und dem anderen bin, gewissermaßen nebeneinander. Ich bin vielmehr gleichzeitig da und dort, wenn es mehr Möglichkeiten gibt, ich bin überall.
Etwas Ähnliches geschieht, wenn ich etwas angucke, ein Gemälde zum Beispiel, und meinen Blick auf eine gewisse Stelle richte. Ich sehe mir zum Beispiel, ganz fixiert, die zarten Augenlider einer Madonna an. Dann aber schweift mein Blick wieder in die Weite. Wenn er so ganz unfokussiert in die Ferne schaut, dann bin ich sensibilisiert bezüglich der vielfältigen Beziehungen, wie alles miteinander zusammenhängt. Ich sehe das Bild als Ganzes und dass es schön ist. Wenn ich mir aus einer derartigen, dem Gleichnis des Gemäldes entsprechenden, umfassenden Situation eine Orientierung verschaffe, dann kann ich nicht sagen, ob sie aus dieser oder jener Überlegung kam. Vielmehr hat vieles oder, wie es scheint, alles eine Rolle gespielt. Das ist lebendige Wahrnehmung. Dass ich in dieser

großen Offenheit überhaupt noch bestimmte Wahrnehmungen habe, das ist eigentlich das Geheimnis des Lebendigen."

„Es ist aber eben auch nicht alles da. Das meiste ist eigentlich gar nicht da, wenn man bedenkt, was alles präsent sein könnte. Wenn ich ein Gemälde anschaue, dann ist zwar das ganze Gemälde da, aber weder das ganze Museum noch die Stadt, noch das Land."

„Ja, okay, das Bild vom Gemälde ist deshalb ein bisschen falsch."

„Sie meinen, es ist eben doch alles da?"

„Ja, ja es ist prinzipiell alles da, und die Vorstellung eines begrenzten Bildes ist eben unzulässig. Hier kommt wieder diese Schwierigkeit, in die man immer hineinläuft. Auch ich komme in diese Schwierigkeit, wenn ich im Gleichnis vom Netz und den kleinen Fischen spreche. Denn das Netz führt nur zu einer Projektion, einer Auswahl von schon zuvor Getrenntem. Wir haben Schwierigkeiten, uns das verbundene Ganze vorzustellen. Wir möchten lieber Situationen, wo das Ganze die Summe der Teile und ihrer Wechselwirkungen ist, und benutzen, wenn dies nicht der Fall ist, den Umstand, dass ich aber doch gar nicht alles sehe, als Ausrede und leugnen so die Existenz von weiteren, für uns verborgenen Verbindungen. Was ich meine ist, wenn ich das Ganze angucke, dann sehe ich nicht die Summe der Teile. Das Ganze ist eben etwas anderes, und dies nicht nur wegen der Wechselwirkungen, die dazukommen. Das Ganze, das ist Potentialität, nicht Realität. Wenn man sie der Realität zuliebe verstößt, dann kommt man in diesen unauflösbaren Teilchen-Welle-Streit. Potentialität ist eben nichts von dieser realen Art, aber näherungsweise dann schon. Ort und Impuls eines Teilchens werden ja nicht ganz obsolet in der modernen Beschreibung, sondern zeigen eine prinzipielle, komplementäre Unschärfe, wenn ich die beiden wie im klassischen Bild des Teilchens miteinander vereinigt sehen möchte. Aber dann gibt es dafür auch das komplementäre Bild von einer Welle, welche uns die Unschärfe, das lokale ‚Verschmiertsein' etwas anschaulicher macht, aber dafür den Nachteil hat, dass die Eigenschaften Impuls und Energie nicht mehr ganz so handgreiflich sind. Das geht alles mit etwas Übung und Phantasie. Die komplementären Bilder für die Bauelemente der Wirklichkeit, der ‚Wirks': ‚Teilchen und Welle' sind jedoch immer noch unzureichend, da ‚Teilchen und Welle' wieder nur an einzelne Objekte geknüpft sind, die man ja eigentlich ganz verbannen möchte, weil ja letztlich alles auf Beziehung und Gestalt gründen soll. Beim einzelnen Objekt können wir sozusagen die beiden Bilder noch grob zusammennehmen. Viele sagen, warum redest du so kompliziert über Quantenmechanik, warum nimmst du nicht für alle Teilchen, Elektronen, Photonen und für alle anderen, einfach nur das Wellenbild und damit hat sich's. Aus Wellen kannst du durch geeignete Überlagerung Wellenpakete machen, die du dann, wenn sie genügend kompakt sind, Teilchen nennen kannst. Da hat man den Eindruck, als ob man mit dem Wellenbild letztlich alles beschreiben könnte, wenn man darüber hinweg sieht, dass die quantenmechanischen Wellen etwas anderes sind als die klassischen Wellen. Das Wellenbild hat in der Tat Vorzüge bei der Beschreibung der modernen Physik, weil es besser das Verbindende zum Ausdruck bringt und doch gleichzeitig auch in einer Welle oder einem Wellenpaket die lokale Präsenz darzustellen vermag, wo das Teilchenartige durch eine Zusammenballung der Erwartungswellen zustande kommt. Wellenpakete kann man manchmal auch auf dem Meer beobachten, wenn Wellen beim Zusammenlauf miteinander solche Wellengebilde machen. Da gibt es eine Störung, die an einer Stelle Schaum ist, und dieser Schaum breitet sich aus und geht nicht unter. Es sind Wellenphänomene, die einfach lange beieinander bleiben. Man kann solche Wellenpakete auch mit Schallwellen erzeugen, zum Beispiel durch Händeklatschen. Man hört dann, wie der Schall sich wie ein Geschoss durch den Raum fortpflanzt."

„Der Schall ist örtlich komprimiert?"

„Ja, wenn es ein Knall ist, dann ist er örtlich sehr zusammengestaucht. Denn ein Knall hat ja keinen Ton mehr. Auch beim Singen gibt es das Phänomen, wenn jemand staccato singt. Was heißt denn das eigentlich, staccato singen? Wenn er einen sauberen Ton singt, dann entspricht dies einer ausgedehnten Welle mit einer gewissen Wellenlänge. Ein ganz sauberer Ton hat einen Wellenzug, der unendlich lang ist, was selbstverständlich nie vorkommt. Wenn dieser Wellenzug irgendwie anfängt und wieder aufhört, dann nimmt das Ohr dies wahr als einen Ton von begrenzter Dauer und nicht als einen, der etwas unrein ist. Wenn diese Länge immer kürzer wird, dann verschwindet allmählich die Tonqualität und es wird daraus ein Knall. So einen Wellenzug, der nur in einem gewissen Bereich da und dann weg ist, kann man interpretieren als eine Überlagerung von vielen Wellen, die man so überlagert, dass sie sich an den meisten Stellen auslöschen und an einer Stelle diesen Knall machen. Jede Verkürzung eines Tones bedeutet, dass ich zusätzliche Wellen bekomme, die den Ton unsauber machen. Es gibt keine kurzen und gleichzeitig sauberen reinen Töne."

„Und das ist ein Wellenpaket."

„Das ist ein Wellenpaket. Ein kurzer Ton wird zwangsläufig unrein. Als Knall lässt er sich aber sehr genau lokalisieren. Lokalisierbarkeit des Tones auf Kosten seiner Reinheit, Komplementarität von Knall und Sauberkeit, das ist die Unschärferelation."

„In diesem Fall zeitlich lokalisieren."

„In diesem Fall zeitlich lokalisieren, aber dann auch räumlich. Ich kann sichtbar machen, dass diese Schallspitze hier durch den Raum läuft, mit Schallgeschwindigkeit. Wenn jemand dreihundert Meter von mir entfernt ist, hört er diesen Schlag genau eine Sekunde später. Also, ein Knall ist eine lokalisierte Schallwelle, ist ein Wellenpaket. Und wenn man jemanden fragt, nun, was für ein Ton war das? Dann hat er

Schwierigkeiten, die Tonhöhe genau zu bestimmen: Unschärferelation. Ich kann also nicht mehr angeben, was es für ein Ton ist, wenn es knallt. Entweder es knallt und ist lokalisierbar, oder es ist ein Ton und damit ein ausgedehnter, wenig lokalisierbarer Wellenzug. Lang geblasene Orgelpfeifen geben die reinsten Töne, erhalten jedoch ihre Klangfarbe durch harmonische Obertöne.
Sie können nun jedes Wellenpaket wieder auflösen in unendlich viele Wellen, die sich überlagern. Das ist eben das Interessante daran, wie man ein ganz bestimmtes räumliches Gebilde als Überlagerung von Wellen auffassen kann, die unendlich lang sind. Dass das geht, ist unglaublich, nicht wahr? Ich kann jedes beliebige Gebilde durch eine Überlagerung von Wellen machen, ich kann auch eine Rechteckform der Welle machen. Das ist der Grund, warum das Wellenbild so eine hohe Bedeutung für die Gestaltbeschreibung hat. Sehr anschaulich ist es jedoch nicht. Das Teilchen und das kompakte Wellenpaket ist geeigneter für das Begreifen.
Wie Sie sehen, ringe ich – und wahrscheinlich nicht sehr erfolgreich – immer wieder damit, diese eigenartige Wellenstruktur, eine Metapher für die wesentliche Sowohl-als-auch-Logik und wichtiges mathematisches Handwerkszeug der Quantenphysiker, in etwas zu übertragen, das auch für einen Laien intuitiv erfassbar ist. Sie sehen, wie man an dieser Stelle in große Schwierigkeiten kommt, weil man gezwungen ist, etwas, was räumlich lokalisiert und direkt greifbar ist, darzustellen als vielfältig zusammengesetzt, nämlich als eine innige Überlagerung von unendlich vielen Wellen, die unendlich ausgedehnt und deshalb für uns ganz unbegreiflich sind. Aber das Erstaunen bleibt: Dass das möglich ist!"

„Ich finde diese Bilder, die Sie eben gebraucht haben, sehr anschaulich. Nun habe ich wieder etwas besser verstanden, was Wellen sind. Wie sie in der Ausdehnung leben und zugleich doch Grenzen hervorbringen können. Aber noch einmal zurück zum ‚Ganzen'! Sie haben ja gesagt, wenn ich eine bestimmte, nicht fixierende Einstellung annehme, dann bin ich offen für ‚das Ganze', dann ‚ist alles da'. Nicht als Summe der Teile, wohl aber ‚das Ganze', das die Potentialität ist. Wie ist das aber möglich – das Ganze in meinem beschränkten Geist? Für mich existiert doch immer nur die Potentialität ‚von etwas', ein bestimmter Rahmen ‚von etwas'. Wie kann es sein, dass ich mich doch gleichermaßen zum ‚Ganzen' verhalte? Weil in jeder Potentialität – über den Zusammenhang von allem mit allem – zugleich die Ganzheit in ihrer Unendlichkeit wirksam ist?"

„Ja, ich sollte vielleicht doch nochmals besser beleuchten, wie wir als Betrachtende mit beschränktem Geist dem Ganzen gegenübertreten. Die Begrenzung liegt nicht im Ganzen, sondern kommt durch uns, durch unser bewusstes Sehen herein. Prinzipiell wird mir nichts vorenthalten. Aber durch meine begrenzte Wahrnehmung und Aufmerksamkeit betone ich immer nur ‚Teile' des Ganzen, der Wirklichkeit. Aber diese ‚Teile' sind nicht ‚Bestandteile', sondern gewissermaßen nur verschiedene Artikulationen des Potentiellen, die ich durch meine Art zu betrachten hervorhebe. Es ist wie beim Einstellen meines Radioapparates auf einen bestimmten Sender, das ihn für dessen Sendefrequenz sensibilisiert. Bei der Benutzung eines Mobiltelefons gelingt mir sogar auf diese Weise die Auswahl meines gewünschten Gesprächspartners. Aber dadurch schneide ich nichts aus dem einen großen elektromagnetischen Wellenfeld heraus, das mich weiterhin unbeschadet umspült. Die augenfällige Begrenzung erfolgt durch die absichtsvolle oder erzwungene Beschränkung der Aufmerksamkeit und nicht durch eine Zerlegung des Ganzen."

Der Himmel wird allmählich dunkel, es wird kühler. Im Westen zeigt sich hell glänzend Venus, der Abendstern. Wir werden bald aufbrechen.

Noch einmal nehme ich den Gesprächsfaden auf:

„Ich möchte gerne noch einmal kurz über den Dualismus reden. Unser Gespräch ging ja zunächst in die Richtung, dass Sie die Sichtweise des Dualismus als völlig unnötig bezeichnet haben."

„Nein, nicht unnötig als Phänomen, sondern als im Lichte der modernen Physik erst richtig verstehbar. Dualismus ist nicht mehr das Problem. Die Schwierigkeit des Dualismus bestand ja darin: Wie sollen zwei total verschiedene Bereiche wie das Geistige und das Körperliche überhaupt voneinander wissen? Unserer täglichen Erfahrung nach müssen beide irgendwie zusammenhängen, aber wie kann das eine auf das andere wirken, wenn sie total anderen Dimensionen zugeordnet sind, sich auf radikal andersartige Welten beziehen?"

„Eccles redet ja in diesem Zusammenhang von interaktivem Dualismus. Er und Popper haben diesen Begriff geprägt."

„Ja, aber da gibt's keine Interaktion. Weil Interaktion nur zwischen Gleichartigen sein kann. Zwei Ebenen, die nicht miteinander in Verbindung stehen, wie soll das gehen? Dann stecken Sie alles in das hinein, was Interaktion heißt. Aber was ist denn das, was die eine Welt mit der anderen verbindet? Ist das jetzt noch eine dritte Welt? Die weder der einen noch der anderen zugehört? Das ist auch nur eine Umschreibung. Selbstverständlich kann ich sozusagen einen Parallelismus sehen: Das eine ist da und das andere und zwischen beiden gibt es einen Gleichlauf und wohl Botengänger, welche die Synchronisation regeln. Aber was ist denn der Botengänger? Gehört er jetzt zu dem einen oder zu dem anderen?"

„Wenn er ein richtiger Bote ist, muss er zu beiden gehören."

„Ja. Und dann? Dann ist der Dualismus da. Besser ist doch: ich lasse die Interaktion zwischen Verschiedenen weg und ich sage, die Welt ist nur Interaktion. Dann habe ich schon beide beieinander."

„Sie meinen also wirklich, die Quantenmechanik hat das Problem gelöst?"

„Ja, weil wir sagen, es ist nicht so, dass zwischen der Welle und dem Teilchen eine Interaktion stattfindet. Es ist dasselbe. Der Schein der Verschiedenheit entsteht nur dadurch, dass wir Wörter aus unserer Lebenswelt wählen, also Begriffe, mit denen wir umgehen können, und dann für uns bezeichnen, was in unserer Alltagswelt eine Welle und was ein Teilchen ist. In unserer Begrifflichkeit sind Wellen und Teilchen etwas anderes und auf der anderen Seite soll es nun doch praktisch dasselbe sein. Wenn ich von Geist spreche, betone ich eher die Verbindung, und wenn ich vom Körperlichen spreche, betone ich sozusagen die Getrenntheit. Und wir Menschen hängen irgendwo dazwischen. Die Materie ist die Kruste des Geistes, so drücke ich das dann manchmal ein bisschen grob und frech aus. Das bedeutet, dass der Geist sich sozusagen verdichten kann. Dann hat er die Erscheinungsform der Materie, so ähnlich wie ein Wellenpaket. Dann zeigt sich die geistige Eigenschaft weniger. Die Reinheit geht im Knall verloren. Der Geist schließt sich gewissermaßen nach außen ab, so könnte man es auffassen, und dann sieht das so aus wie etwas Körperliches. Noch einmal: nichts gegen Dualität, aber das Wort Dualität ist eine Konstruktion, so wie man in der Quantenphysik von Komplementarität spricht. Das ist aber nur eine Sprechweise, wenn man es jemandem beibringen will. Ich brauche das für die mathematische Sprache eigentlich nicht mehr."

Wahrscheinlich ist es eine Aufgabe für Generationen, diese

sich in der Mathematik zeigende Plausibilität in erlebte Wirklichkeit umzusetzen.

Nun ist es schon recht dunkel geworden. Die drei Sterne des Sommerdreiecks treten leuchtend vor dem Himmelshintergrund hervor: Wega, Deneb und Atair.
Ich sehe im Westen Venus entschwinden und im Südosten Jupiter heraufziehen. Da fasse ich den Mut, noch kurz ein Thema anzusprechen, über das ein Physiker vielleicht gar nicht so gerne redet:

„Zum Abschluss würde ich gerne noch ein zweites Mal auf Ihre Äußerung in den Toskanagesprächen* zurückkommen, wir hätten Unsterblichkeit am ehesten dort, wo es um das Wesentliche geht, oder, um in Ihrem Bild zu bleiben, nicht in den Schaumkronen, sondern in der Tiefe. Das Individuum sei die Schaumkrone, die kommt und vergeht. Das Meer bleibt."

„Diese Aussage gründet auf der Vorstellung, dass wir als Menschen prinzipiell auf zwei verschiedene Weisen erleben können. Die eine Erlebnisart, die uns die geläufigere, aber eigentlich nicht die wichtigste ist, erwächst aus dem Eindruck, dass hier irgendein Ich in mir selber ist, das Nachrichten über die Sinne von einer Außenwelt bekommt, die da draußen eigenständig existiert. Das Ich, das beobachtet, ist einfach der Zeuge, der Erlebnisse als Erfahrungen aufnimmt. Als Zeuge kann er dann auch auf sich selbst äußerlich reflektieren, indem er sagt: Unter den Leuten, die da draußen herumtanzen, bin ich ja auch einer. So findet sich das Ich in äußerlicher Form wieder als Ego.
Der Zeuge ist immer der Zeuge, er ist einfach dort, wo alles endet und wo überhaupt nicht mehr gefragt wird. Das Fragen ist ja schon wieder in der äußeren Welt."

„Und das, wo alles Fragen aufhört, das ist das We-

* Dürr u. a., a. a. O.

sentliche, die Tiefe am Meeresboden. Und dort sind wir unsterblich?"

„Jetzt kommt man in die Schwierigkeit hinein, dass dieses Ich, oder manche nennen es Selbst, ja eigentlich immer nur in der Einzahl da ist. Aber ich empfinde nicht die Einzahl. Als äußeres Ich, als Ego, bin ich ein Individuum unter vielen. Die Quantenmechanik suggeriert, wenn das Selbst wirklich das ist, was kein Gegenüber hat, dann ist es unteilbar."

„Und dann kann es nur der Zusammenhang von allem sein."

„Dann kann es nur der Zusammenhang von allem sein."

„Aber kann es innerhalb dieses ‚Alles' nicht dennoch, daran würde ich jedenfalls gerne festhalten, das ‚Selbst' im Sinne der inneren Lebendigkeit und auch im Sinne einer allverbundenen Einmaligkeit sein? Etwas, das dann, wenn man darüber redet, eine besondere Form von Dialektik oder Paradoxon annähme?"

„Nein, es gibt kein ‚Innerhalb', das ist schon wieder die andere Sprache. Wenn wir anfangen zu denken, kommen wir in die Irre. Wir dürfen nicht denken, weil das Denken ja immer fragmentierend ist. Wir können nicht denken, ohne zu fragmentieren. ‚Alles' ist wie ‚das Ganze' schon irreführend, weil alles ja heißt, dass nichts fehlt. Was wir meinen ist eigentlich mehr als alles, es ist ‚nicht aufgetrennt'."

„Aber welchen Sinn hätte es, dass dieses Nicht-Aufgetrennte, oder wie wir es nennen wollen, sich in geschichtlichen Individualitäten manifestiert? Ich stelle hier jetzt einmal die Frage nach dem Sinn, weil auch Sie vorhin, als wir über den Materialismus sprachen, den Sinn oder den Witz des Ganzen – den die Materialisten nicht sehen – als Argument gebraucht haben. Welchen Sinn hat denn die Geschichte, die Individualität?"

„Es gibt keine Individualität im strengen Sinne. Der Begriff bezeichnet ja das Unteilbare. Das Unteilbare ist aber streng genommen nur das ‚EINE' oder besser: ‚das Nicht-Zweihafte', ‚der Geist' oder das, was der Potentialität der Quantenphysik entspricht. Das Ich in uns ist im Grunde ‚das Selbst'. Es gibt nur das Selbst. Jetzt ist die Frage, wie kann ich Kenntnis von dem Selbst erhalten? Dies geschieht durch die zweite Erlebnisart, die Innensicht, die ich durch Kontemplation und Versenkung vertiefen kann. Und nun passiert es: Wenn ich ganz tief in dem Selbst bin, dann verliere ich den Zeugen."

„Dann bin ich der Zeuge."

„Nein, mit dem Zeugen meinen wir ja nicht einen Erlebenden, sondern den, der auch Kunde davon geben kann, der etwas erfahren hat. In tiefster Versenkung gibt es dann nur ‚innen', und die zeugende Kunde des Zeugen verstummt. Denn das EINE kann nicht zu sich selbst sprechen. Das ist der Punkt. Die Frage ist, wie kommen wir dazu, dass wir von etwas wissen, zu wissen glauben, von dem wir gar nichts wissen können, weil wir, wenn wir dort sind, nicht Zeugnis geben können. Das ist die Schwierigkeit."

„Es gibt nicht wenige religiöse und philosophische Strömungen, die lehren, das EINE begegnet sich auf dem Umweg über die Menschheit selbst."

„Ja, aber das ist die Frage, wie passiert das denn?"

„Über die Spuren der Erfahrung und des Handelns im Kern der Individualität. Oder über das Konzentrat davon. Auch über das Individuum kann ich ja übrigens nichts aussagen, es ist reines Erlebnis."

„Ja, doch dies gilt zunächst nur für das Individuum, das ich selbst bin. Über die anderen Individuen um mich herum weiß ich nur indirekt aus äußerer Erfahrung. Wir sehen dabei, dass sich hier die Definition des Individuums im Kontrast zur Gesellschaft ergibt, die sich unserer unmittelbaren Erfahrung nach in guter Näherung nicht als ein Ganzes oder näherungsweise Unteilbares, sondern als eine Menge von Unabhängigen, Getrennten erschließt. Der Zugang zu dem größeren Selbst scheint uns nur in persönlicher Innensicht und nicht etwa einer erweiterten gesellschaftlichen Innensicht zu gelingen. Wenn wir den Weg der Meditation beschreiten, wo wir versuchen, uns total von den sinnlichen Erfahrungen abzuschließen, einer nach der anderen, uns immer stiller machen, bis es ganz still ist, da wird berichtet, wie dann auf einmal nur noch ein Erlebnis da ist. Versinkt man weiter, so gerät man letztlich in einen Strom, der etwas von innen aufwirbelt. Aber in dem Augenblick, wo man sich fragt, was ist das, wird es sofort wieder zerstört, denn dann wird man sofort wieder aus diesem Zustand herausgehoben. Und die, die sehr gut meditieren können, sagen, du kannst hinuntergehen und du kannst am Schluss in einen Zustand kommen, wo praktisch alles verschwindet. Das ist also das Erlebnis des Nichts."

„Aber, wie Sie ja schon betont haben, du schläfst eben nicht ein."

„Nein, das hat nichts mit Einschlafen zu tun, es ist ein hellwacher Zustand, aber, es bleibt trotzdem nichts, was man dann in Außensprache ausdrücken könnte, ganz bestimmt nicht in diesem tiefversenkten Zustand. Aber jetzt kommt der Punkt. Wie kommt es denn, dass diese Meditierenden einem etwas davon erzählen können?"

„Spuren!"

„Ja, es kommt daher, dass sie, wenn sie auftauchen, noch irgendwelche Spuren von diesem Erlebnis an sich tragen. Und jetzt kommt der Begriff der Ahnung ins Spiel. Das ist ja genau das, was wir mit Ahnung meinen. Wir wachen morgens auf und dann erinnern wir uns, dass da vorher schon etwas war. Aber in dem Augenblick, wo wir ganz wach sind und uns anfangen zu fragen, was war, ist sofort das Ganze zerstört. Man kann sich aber auch sozusagen Spuren schaffen. Es gibt Leute, die sagen, wenn du das etwas behutsamer machst, ganz, ganz behutsam, dann kannst du praktisch schon anfangen mitzuhören, bevor das andere verschwindet. Man macht einen Übergang von der Innensicht zur Außensicht, aber ganz

sachte, und das erinnert mich nun auch hier wieder an die Quantenmechanik, wenn es um Ort und Impuls geht. Die Dualität ist deshalb ein schlechtes Bild, weil eine Dualität immer wie ein ‚flip' eines Bildes ist, von der Art auch wie das Vexierbild von den Gesichtern und der Vase. Aber ich kann auch einen Übergang machen, wo etwas, was nicht ganz örtlich lokalisiert ist, schon Beziehungsstrukturen einbezieht. Es ist dann ‚weder-noch'. Die Quantenmechanik zeigt uns eine andere Dualität als die des Hin-und Herspringens zwischen Vexierbildern. Es ist mehr wie das Scharfstellen einer Kamera von einem nahen Objekt und einem fernen Hintergrund beim Photographieren, wo entweder das eine oder andere ganz scharf wird, aber selbstverständlich auch sehr viele Zwischeneinstellungen möglich sind, wo beides gleich scharf und unscharf ist. Ich kann aber auch bei den Vexierbildern versuchen, das eine im anderen festzuhalten, und auf ähnliche Weise kann man vielleicht auch vor und nach dem Aufwachen ein bisschen zwischen beiden Welten vermitteln.
Für mich ist also die Frage: Wie kommt es zu einem ‚Abdruck' des Selbst in der Wachheit? Ich habe den Eindruck, es geht nur, indem ich das Selbst etwas in meine Wachheit hereinbringe, aber dann erfährt es selbstverständlich all die erlebten Bilder in der Form, die mit meiner Wachheit zu tun haben. Das erlebte Ineinander erscheint diffus als ein überlagertes Nebeneinander."

„Und umgekehrt? Hinterlassen wir auch Spuren in der Welt des Selbst? Das hat mir an der buddhistischen Sichtweise nie eingeleuchtet: Ich lebe nur deshalb, um mich von dieser ganzen Welt wieder zu befreien, so dass es hinterher wieder so sein soll wie vorher? Das ist mir zu wenig."

„Aber der Abdruck in der umgekehrten Richtung ist vielleicht nicht die hier angebrachte Metapher. Wir sind sozusagen nach unten offen. Ich meine dies, wie es die Metapher des Meeres nahe legt, in dem wir eine Welle sind: Wir sind nach unten offen, und je weiter wir nach unten gehen, um so mehr können wir mit anderen, mit anderen Wellen, gemeinsame Erlebnisse haben, dieselben Erlebnisse haben."

„Ich will eben immer wieder darauf hinaus, dass es auch irgendeinen Sinn hat, dass man ein individuelles Leben geführt hat."

„Aber das führen Sie sowieso."

„Gut. Aber ich meine natürlich – das sind jetzt wieder lauter hilflose Metaphern – dass das Leben in der Individualität und in der Verantwortung seine Spuren in dieser anderen, nicht benennbaren Welt hinterlässt. Und da das individuelle Leben ein lebendiges, nicht objektivierbares Zentrum hat, kann ich mir so eine Spur auch nicht als bloße Information, als aufbewahrten Gedanken denken, sondern als etwas Lebendiges von der Art, wie sich mein Ich im Innersten erlebt. Das nenne ich Selbst, aber einmaliges, unverwechselbares Selbst, das zugleich wunderbarerweise mit allem verbunden ist. Ich denke dabei natürlich nicht an die Person, für die mein Name steht, die vergängliche historische Person."

„Aber das ist ja gerade der Punkt. Wenn Sie sagen, dass Sie noch etwas Unverwechselbares sind, dann ist das doch eben durch den Namen oder etwas Ähnliches gekennzeichnet, nicht im wörtlichen Sinne selbstverständlich. Dass Sie andererseits Spuren hinterlassen können, das ist doch überhaupt keine Schwierigkeit. Jeder ist doch innig eingebettet im Ganzen."

„Ich dachte jetzt an den Kern des Selbst, der die Meditation erlebt. Sie sagten ja selber, man sei hellwach in der Meditation. Also man erlebt die Meditation."

„Aber eigentlich nur beim Absteigen. Ich glaube, in dem Augenblick, wo man sozusagen wirklich unten angekommen wäre ..."

„Erlebt man nicht?"

„Ja, oder vielleicht doch. Wir erleben noch, aber wir erfahren nichts, wobei aber jegliche Erfahrung dann als Übersetzer dem Erlebten deutlich seinen persönlichen Akzent verleiht. Im reinen Erleben ist nichts übrig, was dem Individuum zuzuordnen wäre. Ich meine, sonst hätte man ja einen Haufen Selbste da unten, die sagen: das ist mein Selbst, dein Selbst, das Selbst von A, B und so weiter. Nein, es ist in dem Sinne nichts mehr zuordenbar, es ist etwas, das mit dem Abstieg oder, ohne negativen Beigeschmack, in größerer Tiefe langsam im Universellen mündet. Stellen Sie sich nur mal vor, Sie seien eine Welle im Meer, so dass Sie vielleicht das Gefühl haben, was unter Ihrer Welle ist, das ist Ihnen mehr zugeordnet als was der andere unter seiner Welle hat. Das stimmt wohl, verliert aber mit größerer Tiefe seine Bedeutung.

Aber ich sollte an dieser Stelle vielleicht doch noch eine wichtige Ergänzung machen, die mir beim Vergleich mit der Quantenphysik einfällt. Ich habe in meiner Analogie vorher die Potentialität mit dem Geist und beides mit dem Wellenbild verglichen, kontrastiert zur Realität, dem Körper und dem Teilchenbild. Nun ist es aber so, dass die Potentialität, das unauftrennbare Eine, bei seiner Realisierung in zwei komplementären realen Formen auftritt, einerseits als materielle Teilchen und andererseits als Wechselwirkung und energetische Wellen, wie zum Beispiel als elektromagnetische Strahlung, die beide klassischen Gesetzen gehorchen. Die klassischen Wellen sind also auch schon geronnene Form, Schlacke der Potentialität und nicht Potentialität selber, die als Möglichkeit noch offen ist. Klassische Wellen erlauben Unterscheidung und Differenzierung. So sind klassische elektromagnetische Wellen einschließlich des sichtbaren Lichts auftrennbar. Was bedeutet dies für unser Bild vom Meer? Unterhalb der schaumgekrönten Welle gibt es klassische Beziehungsstrukturen, die eine nichtmaterielle Schlacke des Geistes ermöglichen. Könnte man sie im Gegensatz zum originären umfassenden, potentiellen Geist vielleicht individuelle ‚Seele' nennen und dem individuellen ‚Leib' als Komplement gegenüberstellen?

Aber je tiefer ich hinuntergehe, um so sinnloser wird es zu sagen, das ist unter *mir*. Das heißt, je tiefer man geht, um so weniger ist sozusagen die Emanzipation wichtig. Je heller das

Bewusstsein, um so getrennter. Und je tiefer das Bewusstsein, um so weniger getrennt."

„Kann nicht doch beides zugleich der Fall sein? Wenn man sich gut versteht, dann ist man doch auf eine nicht beschreibbare Weise eins und zugleich doch zwei. Es spielt keine Rolle, wo die Grenze ist, und trotzdem wird es erlebt von beiden."

„Nein, in dem Augenblick nicht mehr."

„Wenn man sich gut versteht, erlebt man das doch!"

„Ja, aber wie weiß man, dass man etwas anderes erlebt als der Andere? Es ist nur eine Sprechweise."

„Das spielt dann keine Rolle."

„Genau."

„Das ist eine Frage, die ganz egal ist in dem Augenblick."

„Das ist das, was ich meine. Warum dann noch sagen, ich erlebe das."

„Weil da nicht zappendustere Leere ist."

„Warum soll es leer sein? Es ist ja alles voll. Warum soll es leer sein? Nein, da ist ja alles. Ich verstehe gar nicht. Wir alle haben unter uns diesen Kegel, der auseinandergeht, und das haben andere auch. Niemand ist in der Lage, diese Überschneidung zu sehen und zu sagen, an dieser Stelle ist jetzt doppelt gemoppelt und an dieser Stelle bin ich allein."

„Ja, aber ich bin noch. Nur nicht mehr allein."

„Sie sind nur in Ihrer Spitze noch Sie."

„Es ist ganz schwer, auszudrücken was ich meine."

„Wenn man sagt, ich bin noch, das hat etwas mit dem hellen Bewusstsein zu tun."

„Sie sagen aber auch, in der zugrunde liegenden Wirklichkeit ist es eben nicht zappenduster."

„Nein, nicht zappenduster. Es ist nie zappenduster. Es ist ja alles, was in der Welt war, da unten mit drin. Es ist eine große Helle letzten Endes."

„Und das, was ich war, ist da auch?"

„Alles, alles. Ja!"

Wir schweigen lange.
Ganz vorsichtig wage ich doch, das, was mir immer noch wichtig ist, den Sinn und den unvergänglichen Wert des individuellen Selbst, nicht ganz fallen zu lassen. Ich versuche, es mit der gebotenen Achtung vor all dem, was Dürr mir heute gesagt hat, für mich in einer unausgesprochenen Ahnung stehen zu lassen. Die Welt, in die mich Dürr heute für ein paar Stunden mitgenommen hat, ist so reich, dass ich all dieses bis auf weiteres in dem Gesagten als mit aufbewahrt denken möchte – ohne es verstanden zu haben.

Nun sind auch die kleineren Sterne sichtbar geworden, über uns strahlt der nächtliche Himmel in seiner ganzen Pracht. Das Meer scheint zu ruhen und glitzert doch hier und da auf in ständig ruheloser Bewegung.

Es war ein langes Gespräch, für heute ist es genug. Aber einmal wollen wir uns noch treffen, das haben wir uns vorgenommen.

Im Oktober sehen wir uns noch einmal, im Werner-Heisenberg-Institut in München, zu einem abschließenden Gespräch. Da die Sonne scheint, wünsche ich mir einen Spaziergang in den nahen Englischen Garten. Wir beschließen, den Weg zu gehen, den Heisenberg immer von seiner Wohnung aus ins Institut genommen hat. Er liebte diesen täglichen Spaziergang, der jedes Mal ein kleiner Umweg war. Der Weg führt von seinem Wohnhaus aus über eine Brücke und nach einer Weile an einer Bank vorbei, auf die wir uns setzen.
Das Laub der Bäume leuchtet gelb, golden und braun. Dürr trägt einen oktoberrostroten Pullover. Die Wiesen duften nach Herbst. Dürr ist heiter und ernst zugleich.

Es liegt nahe, dass wir zunächst auf Heisenberg zu sprechen kommen, mit dem Dürr ja eine lange Freundschaft verband. Ich möchte wissen, ob er seine große Naturliebe, die in seiner Autobiographie ja so deutlich wird, von der Jugendbewegungszeit bis ins Alter behalten hat. Wie erwartet, bejaht Dürr diese Frage.

„Würden Sie ihn als einen religiösen Menschen bezeichnen?", möchte ich gerne wissen.

„Ja, aber nicht im konfessionellen Sinn."

Meine dritte Frage ist mir die wichtigste: „Ich habe einmal ein Interview gelesen, das er gegeben hat, als er schon sehr krank war. Dort sagte er: ‚Ich habe keine Angst vor dem Sterben.' War er wirklich so gelassen?"

„Ja. Er ist ganz ruhig gestorben. Bei ihm war es wirklich so: Und als die letzte Stunde gekommen war, da bat er seine besten Freunde zu sich. Er hat dann auch mich gebeten und hat gesagt: Ich werde sterben. Wir sind unser gemeinsames Leben noch einmal durchgegangen und er hat auch Dinge gesagt, die ihm Leid tun wegen mir.

Nach dem Krieg war er ja sehr vom Ausland abgelehnt worden, weil man auf amerikanischer Seite in ihm den Bombenbauer Hitlers sah. Vor allem die Physiker haben ihn ziemlich schlecht behandelt. Obwohl er es nur wenig zeigte, so hat er doch sehr darunter gelitten. Insbesondere hatte er die gravierenden Missverständnisse mit Niels Bohr, seinem verehrten und geliebten Lehrer und Mentor, anlässlich eines kurzen Besuches in Kopenhagen während des Krieges im Herbst 1941 trotz intensiven Bemühens bis zum Ende nicht ausräumen können. Bohr wollte das Vergangene ruhen lassen. Aber Heisenberg hat ihn, zuletzt auf der Nobelpreisträgertagung in Lindau im Sommer 1962, immer wieder gedrängt: ‚Niels, wir müssen noch einmal darüber reden. Mit dem, was du von mir glaubst, kann ich es nicht belassen.' ‚Muss es sein?', fragte Bohr zurück. ‚Ja, es muss sein!', antwortete Heisenberg. ‚Gut, dann morgen, heute Abend bin ich zu müde.' In der Nacht erkrankte Bohr und musste frühzeitig nach Kopenhagen zurückreisen. Er starb im November 1962 an einem Schlaganfall, ohne dass dieses Gespräch stattgefunden hatte. Das hat Heisenberg sehr belastet."

„Aber er hat ganz gelassen sein Ende angenommen?"

„Ja, er war ruhig und gelassen. Wir haben noch über Wolfgang Pauli gesprochen und warum es 1958 über die ‚Weltformel', an dem sie beide noch mit großem Engagement – auch ich war dabei – gearbeitet hatten, letztlich zu einem Zerwürfnis gekommen war. Pauli starb noch im gleichen Jahr. Und dann noch über das Buch, das Heisenberg und ich gemeinsam angefangen, aber nicht fertig geschrieben hatten. Aber all dieses spielte in dieser Situation für ihn keine so große Rolle mehr. Er war bei anderen Betrachtungen angekommen: beim Schönen, das er erlebt hatte, aber auch bei der Trauer über Grenzen menschlicher Verständigung. Dann entschuldigte er sich, dass ich so viel Prügel von den internationalen Physikern abbekommen hatte, die klarerweise ihm gegolten hätten. Ich hatte das gar nicht so empfunden, sondern bei Anfeindungen von außen mehr für ihn gelitten. Anschließend haben wir freudig vor allem von gemeinsamen Erlebnissen gesprochen, die wir besonders schön und beglückend empfunden hatten. Er sprach mich dabei zum ersten Mal mit meinem Vornamen an. Seine Stimme wurde dann immer schwächer und wir haben uns dann ganz ruhig mit wechselseitigem Dank verabschiedet. Zwei Wochen später, ich besuchte ihn wortlos noch zweimal, ist er gestorben."

„Hat das alles für Sie *auch* etwas Schönes gehabt?"

„Ja, eigentlich schon. Ja, es war einfach so, wie wenn ein Älterer einen Stab an einen Jüngeren weitergibt und sagt: So, jetzt musst du alleine laufen.

Ich muss sagen, die Leute, die ich – außerhalb der schrecklichen Kriegsereignisse – habe sterben sehen, sind alle ganz ruhig und mit großer Gelassenheit gestorben. Aber alle hatten sie auch ein erfülltes Leben gelebt, geprägt von Freud und

Leid, Glück und Niederlage. Beim Sterben spielt sicher eine große Rolle, inwieweit und wie intensiv man die Möglichkeiten des Lebens in seinen Höhen und Tiefen ausgelotet und ausgeschöpft hat."

Wir schweigen lange. Dann komme ich auf den Brief zu sprechen, den ich ihm geschrieben habe, und auf die anderen Fragen, die ich ihm noch stellen wollte.
Aber nun geschieht etwas Merkwürdiges. In dem Brief hatte ich als letzten Themenpunkt, gewissermaßen als Anhängsel, noch die Frage aufgeführt, was es wohl mit der Superstringtheorie auf sich habe, die seit einiger Zeit in aller Munde ist. Als letzten Punkt. Aber Dürr stürzt sich sofort auf diesen letzten Punkt und wirkt plötzlich fast traurig – ein unerwarteter Schatten, den ich mir zunächst gar nicht erklären kann. Fast betroffen fragt er mich:

„Das hat mich ja gewundert. Warum fragen Sie das? Das interessiert hier doch gar nicht. Das ist aus meiner Sicht mehr so eine Entwicklung, die wieder aus den alten klassischen Vorstellungen entspringt. Man weiß noch gar nicht so recht, wie man einen solchen Ansatz aus der Quantentheorie, die doch die fundamentalere Theorie ist, motivieren soll. Man kann die Quantentheorie selbstverständlich hinterher, wie zu Beginn des 20. Jahrhunderts, auf die klassische Theorie draufsatteln. Für mich wäre das ein Rückfall, eine Preisgabe von 75 Jahren aufregend neuer Einsichten. Und jetzt wird das hochgejubelt. Das versteh ich nicht. Welche Argumente und Kräfte entscheiden über inhaltliche Qualität? Die Zeitungen sind auf einmal voll mit etwas, das so ein paar sehr intelligente Leute ausgebrütet haben und dem, meines Erachtens, eigentlich das Wesentliche fehlt, das wir im letzten Jahrhundert gelernt haben. Es triumphiert das Funktionale, das sowieso nur eine kleine Gruppe durchschaut. Ja, das Komplizierte hat den Vorteil, dass Kritik kaum Chancen hat, wirksam einzuhaken, und es fasziniert den Laien durch seine Undurchschaubarkeit. Vielleicht ist Wissenschaft heute mehr wie eine Spekulation an der Börse? Bin ich etwa ein Auslaufmodell, nur weil ich Wissenschaft vornehmlich noch immer als Mittel für Erkenntnis und weisheitliches Wissen und nicht oder nicht nur als machtträchtiges Verfügungswissen ansehe?"

„Ich kann das alles natürlich nicht so beurteilen. Ich lese darüber hier und dort und denke: oh, was ist denn das? Im Fernsehen wird das groß aufgemacht, unlängst war wieder so eine internationale Tagung in Potsdam, über die der ‚Spiegel' groß berichtet hat."

„Das ist so eine neue Mode in der Wissenschaft, dass man sich jetzt nicht nur um Qualität, sondern vor allem auch um den Verkauf seiner Denk-Produkte kümmern muss. Das bedrückt mich, weil Wissenschaft für mich etwas Ernsthafteres ist, das allen Menschen dienen soll. Und jetzt macht man PR damit, überfällt die Öffentlichkeit mit einer vielleicht vom mathematischen Standpunkt aus interessanten Theorie in zehn Dimensionen, die kaum ein Physiker für eine Erklärung unserer Welt als erfolgsträchtig erachtet, die aber jedenfalls einen Außenstehenden total überfordern muss. Ich verstehe dies nicht und fühle mich doch mehr als die meisten für Neues und Ungewohntes aufgeschlossen. Das Ganze erscheint mir mehr ein soziologisches Problem zu sein. Warum führt man so etwas vor, wenn man sich noch nicht einmal an die wirklich revolutionäre und unumstritten erfolgreiche Quantentheorie heranwagt, die gerade hundert Jahre alt geworden ist?"

„Ich habe jedenfalls bisher nichts verstanden. Da wird geschrieben von ganz kurzen, kleinen Strings, ganz kleine Formen, die dann ich weiß nicht wie angeordnet sind. Ist das richtig, dass man sich vorstellt, alles sei aus so kleinen Formen zusammengesetzt?"

„Man kann auch zunächst von Punkten sprechen, aber Punkte nicht in unserem Raum, sondern in ganz anderen Räumen. Wenn man die Punkte etwas auseinanderzieht, kriegt man einen ‚Faden', einen ‚String'. Das ist mir nicht unsympathisch und auch interessant, weil hier eine Richtung hereinkommt, die ein Punkt noch nicht hat. Das erinnert mich ein bisschen an die Beziehungsstruktur der Quantenphysik. Aber in der Stringtheorie sind das zunächst klassische Fäden, einfach Bogenstückchen, mit denen man Kurven zusammensetzen kann. In einem Raum von zehn Dimensionen, von dem man physikalisch nur vier braucht, lassen sich nun mit diesen Fäden einige mathematisch interessante Symmetrien aufbauen.
Was mich stört ist, dass dies zunächst wieder eine klassische Theorie ist, die in einem zweiten Schritt erst noch quantisiert werden muss, um ein echter Kandidat für eine physikalische Theorie zu werden. Warum geht man erst in diese klassische Kompliziertheit, wo doch reine Quantentheorien Komplexität auf eine viel raffiniertere Weise enthalten.
Wir brauchen uns gar nicht weiter darüber zu unterhalten, es hat mich nur interessiert, wie Sie auf diese Frage kommen. Was ist da angekommen? Ich verstehe einfach die Psychologie nicht."

„Die ist ganz einfach. Ich werde als Zeitschriften- und Fernsehkonsument neugierig gemacht, wenn ich gesagt bekomme: Dies ist jetzt das Allerneueste. Da gibt es den Herrn Witten, der soll noch viel großartiger als Einstein, er soll das Obergenie dieses Jahrhunderts sein."

„Ja, er ist wohl ein genialer Mann, jedenfalls ein hervorragender Mathematiker. Wenn man Mathematik kann, sieht dies alles halb so wild aus. Die Hauptfrage für einen Physiker ist allerdings, ob dies für die Physik überhaupt von Bedeutung ist oder nicht nur ein schöner mathematischer Traum. Ich habe den Eindruck, dass die Fundamentaltheorien heute in einer Sackgasse stecken. Sie haben eine Beschreibung der fundamen-

talen Dynamik der ‚Materie' gefunden, das sogenannte Standardmodell, das sich außerordentlich gut bewährt hat, weil es mit allen experimentellen Befunden im Einklang ist. Aber dieses Modell ist in seiner Struktur viel zu barock, zu künstlich und mit vielen fudge-factors, Stützparametern, garniert, so dass wohl niemand glaubt, dass dies nun die letzte Antwort sein soll. Deshalb die intensive Suche nach der wirklich umfassenden, fundamentalen Theorie im Hintergrund.
Dass dies bisher nicht gelungen ist, liegt meines Erachtens daran, dass die Versuche zu konventionell sind. Sie sind nicht radikal genug. Heisenberg und andere, mich eingeschlossen, haben in den späten fünfziger Jahren versucht, im Rahmen der Quantentheorien ganz neue und exotischere Wege einzuschlagen ..."

„Diese Weltformel. Meinen Sie das?"

„Ja, wobei die 1958 gewählte journalistische Bezeichnung ‚Weltformel' laienhaft verstanden nicht den wesentlichen Inhalt trifft. Der Ansatz, den wir damals hatten, hat sich in der speziellen Form, wie wir ihn aufgeschrieben haben, experimentell nicht bestätigt. Er war zu einfach. Wir haben das Einfachste genommen, was uns damals eingefallen ist. Die Ideen aber, die dahinter steckten, waren meines Erachtens – aber ich bin hier selbstverständlich nicht unparteiisch – viel revolutionärer als das, was man jetzt hört. Ich will darauf nicht näher eingehen. Die Grundidee ist jedenfalls, mit einer ganz einfachen Quantenstruktur zu beginnen. Die komplexe Struktur der Welt sollte sich dann als Ergebnis eines Spiels des Einfachen mit sich selbst ergeben, ganz ähnlich wie aus dem Zusammenspiel organischer Biomoleküle sich die unübersehbar reiche Vielfalt der irdischen Lebenswelt entwickelt hat. Wir nennen unseren Ansatz deshalb ‚radikale einheitliche Theorie', weil aus einfachen Quanten-Wurzeln die ganze Fülle der Quantentheorien und ihre verschiedenen Realisierungen entwachsen sollen."

„Sie haben jetzt die Präsensform gebraucht. Wir nennen, nicht: wir nannten."

„Ja, wir nennen. Die Sache ist ja nicht tot. Und ich möchte hoffen, dass die Zeit bald kommen wird, wo wir die alte Fährte wieder aufnehmen werden.
Die meisten Wissenschaftler in der Elementarteilchenphysik sind heute noch damit befasst, das so erfolgreiche Standardmodell und gewisse Verallgemeinerungen experimentell weiter zu festigen. Ich finde das auch wichtig und notwendig. Aber diese Modelle sind aus meiner Sicht nur phänomenologisch nachgeschneiderte Modelle, die eine tiefere Begründung benötigen. Dass man eine solch allgemeinere und ‚schönere', strukturell ausgezeichnetere und überzeugende Theorie dahinter vermutet, mag mein kulturelles Vorurteil sein, dessen mich die pragmatischen Empiristen bezichtigen, aber es von vornherein als irrig abzutun, mag umgekehrt deren Vorurteil sein. So sind wir nicht damit zufrieden, etwas zu konstruieren, mit dem man nur etwas Vorgegebenes oder Gemessenes beschreiben kann, sondern wir sind daran interessiert, warum es so ist und nicht anders. Und deshalb fangen wir einfacher an und sehen, wie im Prinzip diese filigrane Struktur entstehen kann. Wir wollen ein Erzeugungsprinzip finden, wie aus Einfachem Komplizierteres wird. Beim Stamm anfangen und nicht oben an der Krone, wo die Äste schon vielfältig sind, um dann nur zu sagen: Der Baum ist ein Büschel von Ästen. Sondern fragen: Warum sind die Äste so und nicht anders gewachsen?. Ein ganz anderer Ansatz."

„Kann es sein, dass das, was Sie interessiert, reines Erkenntnisinteresse ist, mit dem man gar nicht so viel ‚machen' kann?"

„Ja, es ist Erkenntnisinteresse, und es interessieren uns dabei philosophische Fragestellungen. Einstein hätte uns gut verstanden, weil er gesagt hat: ‚Es ist relativ einfach, Theorien zu machen, die alles, was man bisher weiß, erklären, aber das ist nicht das, was wir suchen. Wir suchen nach Theorien, die auch sagen, warum sie genau so sind und nicht anders.' Und die großen Erfolge von Einstein, die spezielle und allgemeine Relativitätstheorie, sind genau von dieser Art gewesen. Sie wurden aus einer gedanklich geschlossenen Struktur heraus geboren. Hier wurden nicht einfach verschiedene Stücke geeignet zusammengeschraubt, um den experimentellen Resultaten zu genügen. Solch ein Verfahren führt dann zu stimmigen, doch reichlich ‚barocken' Strukturen, was ausdrücken soll: Dort, wo etwas nicht so ganz zusammenpasst, wird eine geeignete Korrektur eingebaut, ich mache einfach einen kleinen Erker oder eine Konsole oder Ähnliches hin, um mich besser über meine kleine Unstimmigkeit hinwegmogeln zu können."

„Und für philosophische Fragestellungen interessieren sich die Leute heute nicht mehr?"

„Ganz wenige. Philosophische Betrachtungen werden vielfach als Ideologie denunziert. Die Klempnerarbeit an begreifbaren ‚Ingenieursmodellen' kommt dem pragmatischen Zeitgeist mehr entgegen. So ist ja auch das String-Modell kein philosophisch motiviertes Modell, sondern zunächst nur eine interessante mathematische Struktur. Das wird überhaupt nicht philosophisch angegangen. Und wenn man das philosophisch angeht, dann würde ich sagen: nein Leute, also, das kann es doch wohl nicht sein."

„Denken Sie, dass das philosophische Interesse einmal wieder mehr in die Physik kommen wird?"

„Im Augenblick nicht."

„Nein, offensichtlich nicht, aber ..."

„Im Augenblick nicht, im Augenblick gilt vor allem, dass man Erfolg in der Wissenschaft hat, und dies heißt oft, dass man von Kollegen und anderen reichlich zitiert wird. Deshalb geht man vermehrt dazu über, seine Ergebnisse über Internet, Radio und Fernsehen zu verbreiten. Das ist ja auch gut so. Wissenschaft kostet auch immer mehr Geld, das von der Öffentlichkeit aufgebracht werden muss. Sie muss deshalb besser informiert werden. Ärgerlich wird es dann, wenn man nicht vornehmlich informieren, sondern durch

Wahl spektakulärer Aufhänger vor allem Aufsehen erregen will und sich die geeigneten Methoden aus der Werbebranche abholt."

„Wo ist denn Ihre Hoffnung? Sie haben jetzt den ganzen Wissenschaftsbetrieb ziemlich negativ beschrieben."

„Die Hoffnung liegt darin: Man kann solche Moden nicht aufhalten, man muss sie auslaufen lassen. Und diese Mode ist jetzt ein bisschen atemlos geworden. Sie ist irgendwo stecken geblieben. Das Standardmodell, die Formel, die man zusammengebastelt hat, stimmt in dem Sinne, dass kein Experiment ihr widerspricht. Aber man versteht eigentlich nicht, was sie wirklich bedeutet. Es ist einfach keine echte Erklärung. Es muss irgendwie anders gehen. Da sind Indizien, dass es anders gehen könnte. Aber diese hat man in der Erfolgsphase des jetzt bevorzugten Modells einfach über Bord geworfen. Jetzt böte sich meines Erachtens wieder eine Gelegenheit, das Problem nochmals grundsätzlicher anzugehen. Aus meiner Sicht muss die Quantenphysik, weil sie die umfassendere Theorie ist, die Grundlage von allem sein. Der Standpunkt, den wir einnehmen, ist, wir müssen mit der Quantentheorie anfangen. Nachdem wir verstanden haben, auf was es ankommt, gibt es einen ganz anderen Wurzelstock, aus dem neue Triebe sprießen können."

„Also: wenn man von einem barocken Gebäude alle Schnörkel abschlägt, kommt man nicht zu einer anderen, einfachen Architektur."

„Richtig. Durch die Quantentheorie sieht man auf einmal total andere Grundstrukturen. Ja, wenn dann einer partout sagt: Ich möchte nicht wissen, was diese Metallschmelze ist, die glüht und heiß ist, ich möchte, dass du mir eine Antwort gibst in Form einer Kruste, dann sage ich: Die Kruste ist nur der Teil, der sozusagen nicht entwicklungsfähig ist. Die Kruste ist durch Erstarren aus diesem Prozess entstanden. Und ich kann doch das, was lebendig ist, nicht durch etwas Erstarrtes ausdrücken."

„Aber auch die Kruste hat sich doch entwickelt."

„Ja, ja, das Erstarrte häuft sich halt. Es sagt selbstverständlich etwas aus darüber, welches Leben im Hintergrund stattgefunden hat. Gewissermaßen alles, was seine Lebendigkeit eingebüßt hat, ist die Kruste."

„Und das ganze Verkrustete ist die Erdgeschichte?"

„Nicht nur die Weltgeschichte, alles, Stoffe, Energiefelder, doch auch die bewussten Gedanken, unsere Fragen, unsere Sprache – das ist alles die Kruste. Der Begriff ‚Kruste' soll hier nicht eine negative Bedeutung haben, er bezieht sich ja auf die ganze Realität, die sich in Dokumenten und Tatsachen zeigt.

Anderes geschieht, wenn ich Sprache verwende, die keine Aussagen macht, sondern zeigt. Die zeigende Sprache ist etwas anderes. Sie lenkt mein Augenmerk auf etwas, das noch nicht erstarrt ist."

„Was gemacht oder gesagt wird, ist ja nicht alles tot, es arbeitet ja weiter und hat Wirkungen. Was Sie zu mir sagen, ist ja nicht fertig."

„Ja, aber nur indem es das Augenmerk auf etwas lenkt, was dahinter ist oder woraus es kommt."

„Der Durchgang durch die ‚Verkrustung', unsere Erdgeschichte, ist ja ein Prozess. Ist es, wenn der Prozess vorbei ist, ganz gleichgültig, dass er je stattgefunden hat, oder hat sich der Untergrund oder der große Zusammenhang oder die zentrale Ordnung oder wie man das nennen soll dadurch verändert?"

„Selbstverständlich hat sich der Untergrund dadurch verändert. Das, was feststeht, baut ja immer wieder ein Erwartungsfeld auf. Die Tatsachen, die da sind, geben Rahmenbedingungen, in denen sich das Erwartungsfeld neu formiert. Und deshalb wird die Potentialität in ihrer Tendenz durch Realitäten geformt. Das heißt also, in gewisser Weise schaffen die Realitäten, also die Krusten, ein Gefäß, in dem die Potentialität sich weiterentwickelt.

Hier drängt sich ein Vergleich mit dem Computer auf, bei dem ich Hardware und Software unterscheide. Der Software ordnen wir die Potentialität zu – was eigentlich nicht stimmig ist, da ja Software eine Mikro-Hardware ist – der Hardware die Realität. Die Hardware entsteht als Kruste der Software und bietet fortan die Grundlage für die Entfaltung neuer Software. Wir haben als Welt also gewissermaßen einen Quanten-Computer, der sich während seiner historischen Entwicklung seine Hardware und sein operating system in einem stetigen Lernprozess durch Verkrustung von Quanten-Software schafft. Hier werden Pfade geschaffen, innerhalb derer sich die zukünftige Evolution entfaltet. Aber das gilt eigentlich nur in Bezug auf die Entfaltung. Denn die Potentialität als solche ist ja viel reicher."

„Die Potentialität ‚ist' ja auch noch ‚da', wenn es die Erde nicht mehr gibt. Aber sie ist anders, als sie ohne Erde wäre."

„Ja. Ihre Beziehungsstruktur hat sich geändert. Man könnte auch sagen: Verbundenheit, die am Anfang ist, wird zu einer Beziehung, wenn die Verbundenheit Strukturen entwickelt, die aufeinander bezogen sind. Das heißt, eine Beziehungsstruktur entsteht erst, wenn ich zu einer Differenzierung komme. Wenn ich eine enge Verbundenheit habe, ist es schwierig, von Differenzierung zu sprechen. Eine differenzierte Verbundenheit erlaubt die Vorstellung einer Beziehung. Die Beziehung ist aber in ihrer Bedeutung an das Getrennte gebunden – das ungefähr Getrennte. Wenn alles eine Soße ist, dann weiß ich nicht, was ich Beziehung nennen soll. Beziehung sage ich dann, wenn ich von mindestens zwei Sachen rede."

„Ich hatte das immer so verstanden, dass Sie meinen, die zugrunde liegende Wirklichkeit sei reine Beziehungsstruktur. Aber das müssten wir eigentlich Verbundenheit nennen."

„Ja, es ist eigentlich Verbundenheit. Und wir drücken es als Beziehungsstruktur aus, weil wir uns das gar nicht an-

ders vorstellen können. Es ist aber eine Beziehungsstruktur, die im Grunde sehr innig ist. Wir könnten dann sagen, das Wasser ist eine Beziehungsstruktur zwischen den Teilen, den Wassertropfen. Aber an sich macht der Wassertropfen keinen Sinn, wenn er im Wasser ist. Die Potentialität ist eben die Nicht-Zweiheit. Die Verbundenheit ist aber von der Art, dass sie durch wellenartige Überlagerung sich nicht nur verstärken, sondern auch abschwächen kann, wodurch eine gewisse Differenzierung des Ganzen ermöglicht wird.
Wenn wir jetzt aber vom Menschen sprechen: Was ist denn der Mensch? Ja, der Mensch ist nicht nur Kruste. Sein Körper wohl, aber im Kern ist er mit allem verbunden auf eine Weise, die sich nicht einmal als Wechselwirkung interpretieren lässt. Die toten Sachen haben noch eine Beziehung und die nennt man Wechselwirkung. Die Lebendigen haben eine Beziehung, die nur zum Teil mit Wechselwirkung beschrieben werden kann. Das ist vornehmlich Verbundenheit. Verbundenheit mit Differenzierung. Wenn ich öfter gesagt habe, alles ist Beziehung, dann habe ich eigentlich Verbundenheit gemeint. Eine Beziehung, bei der ich nicht gleichzeitig auf ein aufeinander bezogenes A und B reflektiere, sollte ich besser neutral ‚Verbundenheit' nennen. Verbundenheit meint ‚nicht-fragmentierbar'. Und die Beziehungsstruktur ist dann die Art und Weise, wie wir darüber reden. Das ist schon Reduktionismus."

Festhalten möchte ich: Die ‚zentrale Ordnung' oder auch ‚die Verbundenheit' ändert sich durch den Prozess der Differenzierung, also durch die Erdgeschichte. Das Wort ‚ändern' ist sicher wohl wieder unangemessen. Aber ich möchte die Äußerung gerne so stehen lassen, nicht weiter fragen. Sie erlaubt mir, an einer Art von Lebenssinn festzuhalten.
In der Ferne geht ein Mann mit einem lebhaften Hund vorbei. Die sonnige Mittagsstunde unter blauem Münchner Himmel strahlt. Zwei goldgelbe Pappeln flimmern mit ihren Blättern.

Nach einer Weile kommt Dürr mir entgegen mit einer Formulierung, die meine augenblicklichen Gedanken aufnimmt.

„Sie haben ja etwas Schwierigkeiten, was mit der Individualität passiert. Sie möchten wissen, was mit ihrem Ich passiert in Bezug auf die Ichs anderer Menschen. Also, Unterscheidung ist schon möglich. Das eine Ich und das andere Ich sind schon unterschieden, aber die Frage ist, ob sie getrennt sind, und ich sage, sie sind in dem Maße unterschieden, wie sie sich bewusst erfahren. Je mehr man ins Unterbewusste, uns Unbewusste, geht, um so weniger ist diese Differenzierung wichtig und wohl möglich. Deshalb bringe ich die Individualität anschaulich gerne in Verbindung mit der Meeresoberfläche. Da hat man die Schaumkronen. Und da ist es ja ganz klar, dass diese Schaumkronen voneinander getrennt sind. Aber das ist mein helles Bewusstsein, mein bewusstes Bewusstsein. Darunter habe ich mein emotionales Bewusstsein. Und das ist einerseits sehr individuell und lässt sich doch andererseits gar nicht so leicht trennen von einem Beziehungsgeflecht wie zum Beispiel zwischen Mutter und Kind. Eine Mutter weiß oft nicht: ist das nun mein eigenes Wohlgefühl oder das meines Kindes? Das heißt, in dem Maß, in dem ich weiter hinabsteige, wird die Abgrenzung schwieriger und unklarer."

„Aber was ist das Wesentliche? Was bleibt? Das Christentum sieht es ja so, dass da immer noch eine Art Beziehung oder Dialog bestehen bleibt. Ich würde jetzt gerne einmal ein Zitat aus Heisenbergs Autobiographie – die ich extra mitgebracht habe – vorlesen, an das ich in diesem Zusammenhang oft denke. Er geht mit Wolfgang Pauli spazieren in Kopenhagen. Pauli sagt zu ihm: ‚Glaubst du eigentlich an einen persönlichen Gott? Ich weiß natürlich, dass es schwer ist, einer solchen Frage einen klaren Sinn zu geben. Aber die

Richtung der Frage ist doch wohl erkennbar.' ‚Darf ich die Frage auch anders formulieren?', erwidert Heisenberg. ‚Dann würde sie lauten: Kannst du, oder kann man, der zentralen Ordnung der Dinge oder des Geschehens, an der ja nicht zu zweifeln ist, so unmittelbar gegenübertreten, mit ihr so unmittelbar in Verbindung treten, wie dies bei der Seele eines anderen Menschen möglich ist? Ich verwende hier ausdrücklich das so schwer deutbare Wort Seele, um nicht missverstanden zu werden. Wenn du so fragst, würde ich mit ja antworten ...' ‚Du meinst also, dass dir die zentrale Ordnung mit der gleichen Intensität gegenwärtig sein kann wie die Seele eines anderen Menschen?' ‚Vielleicht.'"*

Dürr erwidert spontan: „So würde ich es auch sehen. Das ist eine Beziehungsstruktur, aber nicht von der Art, dass sie wie eine Art Wechselwirkung gedeutet wird. Sondern es ist eine Beziehungsstruktur, die aus der Verbundenheit kommt. Das ist sozusagen die Stelle in uns drin, welche die ursprüngliche Verbundenheit wahrnimmt, sie noch wirklich erlebt. Wenn mein Ich zurückkehrt in diese Verbundenheit, dann wird das mir unverwechselbare Eigene aufgelöst, aber nicht das Erlebende. Das steht im Gegensatz zur Vorstellung, die auch das Seelische atomistisch sieht. Aber die körperliche Getrenntheit zweier Personen muss ja nicht bedeuten, dass auch die zugehörigen Seelen getrennt sind."

„Aber ich denke, dass das Christentum beides gesehen hat, den großen Zusammenhang und auch die einzelne Individualität."

„Aber der große Zusammenhang war im Christentum nur als ein Hintergrundsfeld gedacht, in dem die Seelen gezappelt haben. Der Zusammenhang selbst wurde als etwas anderes gesehen als die Seelen. Das heißt also, der Zusammenhang war ein Sack voller Seelen, die in Beziehung

* Werner Heisenberg: Der Teil und das Ganze, München 1969. Taschenbuchausgabe 1996, S. 67.

standen. Die Potentialität ist ja eigentlich nicht die Seele. Die Potentialität ist das Geistige. Und die Seele ist meines Erachtens der Teil des Geistigen, der sich sozusagen temporär beim Individuum angesammelt hat. Für mich bezeichnet die Seele mehr den Begegnungsort des Geistigen ist für das Ich. Das Geistige tritt nicht primär im Kopf auf. Wenn es in Erscheinung tritt, dann tritt es zunächst einmal in einer emotionalen Form auf. Also eine Ahnung, ein Gefühl. Und deshalb würde ich sagen, dass die Potentialität, wenn sie in unserem Bewusstsein erscheint, in der Form der Seele, praktisch als das Zentrum unseres Ichs, auftaucht. Noch nicht reflektiert, sondern in einer Geborgenheit, die mir zugleich sagt, dass ich nicht alles bin."

„Da sind eben diese verschiedenen Erfahrungen gleichzeitig. Die, dass ich nicht alles bin, also die Verbundenheit. Aber auch diese: Es kommt auch auf dich an, genau auf dich, du bist nicht gleichgültig."

„Das ist genau der Anteil, der von der Verbundenheit her kommt. Ich würde sagen, in dem Maße, in dem ich verbunden bin, stelle ich mir nicht die Frage der Einmaligkeit. Entweder ich habe die Verbundenheit, dann weiß ich gar nicht, was Einmaligkeit bedeutet."

„Das Christentum hält demgegenüber aber dennoch das Erlebnis der Einmaligkeit fest."

„Ich weiß nicht, ob das wirklich so ist. Das ist doch eine dieser Auseinandersetzungen, die immer wieder geführt werden. Die einen meinen, wenn man auf Erden eine Menge Gutes tut, dann kommt man weiter. Die anderen sagen: nein, so ist es gerade nicht, und verweisen auf die Gnade. Das heißt, es kommt gar nicht darauf an, was ich gemacht habe. Es kommt darauf an, so verstehe ich das, inwieweit man sich auf diesen Dialog eingelassen hat. Den Dialog nach unten, tief nach innen. Es ist ja kein wirklicher Dialog, sondern es ist nur eine Bewegung, eine Bewegung, die mich das wahrnehmen lässt, von dem ich ein Teil bin, besser: an dem ich beteiligt bin. Ich schöpfe dann aus der Weisheit, indem ich mich in sie versenke. Man kann, wie Heisenberg das wohl meinte, von einer Berührung von Seelen sprechen. Die Berührung der Seelen ist aber kein Dialog."

„Berührung setzt aber immer noch eine gewisse Zweiheit voraus."

„Nein. Verbundenheit. Nur Verbundenheit. In dem Augenblick, wenn eine Seelenverbundenheit da ist, wird man nicht mehr von Berührung sprechen. Aber wenn sich diese Verbundenheit löst, haben die Zwischenschritte die Form von Berührung von Seelen. Oder andersherum: Man ist ja zunächst getrennt, man kommt sich näher und näher, und schließlich ist man in der Verbundenheit. Wenn man in der Verbundenheit ist, dann sprechen wir nicht mehr von Berührung. Die Sprache der Berührung ist die: vor oder nach dem Erleben. Immer wieder die Schwierigkeit: Wenn wir metaphorisch darüber reden, dann fallen uns nur Worte der Berührung ein. Ihr Ich ist immer Ihr Ich. Jeder bezeichnet seinen Mittelpunkt, den er Ich nennt, als etwas, das ihm ganz persönlich zugehörig ist. Und das stimmt ja auch. Es gibt ja gar nichts mehr als das. Und es geht nichts von diesem tiefsten Inneren verloren. Wo soll das hingehen? Es versinkt gewissermaßen nur das ‚Oberflächliche': Dinge, greifbare Formen, wie unsere Körper, die wir als Anordnungen von Materie oder Energie interpretieren und in dieser Sprechweise als vom Geistigen abgekoppelt betrachten. Von ihnen bleibt nur eine allgemeine Formstruktur, die etwa in der Erhaltung der Materie oder, genauer, in der zeitlichen Unveränderlichkeit der Gesamtenergie zum Ausdruck kommt. Auch die konkreten Ideen, die wir haben, gehen in ihrer Konkretheit und ihrer speziellen sprachlichen Gefasstheit verloren.Anders wird es mit allgemeinen Zusammenhängen sein, welche Verbundenheit zum Ausdruck bringen und Aspekte haben, die sozusagen nicht verkrustet sind. Weisheit geht gewissermaßen nicht verloren, die Weisheit, die sich hinter dem Wissen verbirgt. Das heißt, im

Hintergrund bekommt die Potentialität eine Differenzierungsstruktur. Das ist nicht die Kruste, das ist nur Differenzierungsstruktur, die allen gemeinsam ist. Diese verändert sich. Und alle stricken daran mit. Mit allem, was sozusagen wesentlich und tief ist."

„Sie haben das unlängst mit dem Weben und dem Weberschiffchen verglichen."

„Ja. Man kann sagen, ich kann nur einen Faden führen, aber alles in allem kommt hinterher das Gewebe heraus. Das Beispiel hinkt selbstverständlich auch etwas, denn das Gewebe ist ja letzten Endes die Summe von Fäden. Gemeint ist eigentlich: ich webe mit an einem Bildteppich, und schließlich erscheint eine Darstellung, von der ich selber nur eine grobe Ahnung hatte. Ich war am Prozess seiner Entstehung beteiligt, habe daran mitgewoben. Am Schluss ist dann dieses ganze Bild da und ist letzten Endes mehr als das, was aus diesen verschiedenen Garnen entstanden ist. Es kommt auf einmal eine neue Bedeutung herein. In diesem Sinne wächst die Potentialität, sie wächst an Bedeutung. Immer neue Menschen versuchen, die Bedeutung, die sie aus der Tiefe holen, durch etwas zu ergänzen, was sie in ihrem Leben erleben, und fügen das dieser Bedeutung bei. So wächst die Bedeutung immer mehr. Sie wird immer reichhaltiger. Bedeutung in diesem Sinne ist vielleicht auch kein gutes Wort, weil sie den Deutenden vom Gedeuteten trennt. Ich bräuchte hier ein Wort, das nicht reduzibel ist.

Es kommt dann auf den einzelnen Menschen gar nicht mehr an. Wenn er dem Ganzen einmal eine Bedeutung gegeben hat, dann ist er hinterher gar nicht mehr wichtig, weil er im Gesamtkunstwerk aufgehoben ist, unvergänglich, weil sich daran wieder etwas anderes anschließt. Und ich stelle mir die Struktur mit diesen verschiedenen Ebenen auch so vor, dass die Endlichkeit der Erde unter Umständen auch nur eine Epoche ist, so wie die Endlichkeit des menschlichen Lebens. Dass da irgendetwas aufhört, aber dass es im Hintergrund weiter und weiter wächst. Und deshalb spielt es schon eine Rolle, ob ich in diesem Leben Strukturen zerstört habe oder sie weiterentwickelt habe. Die ganze Wirklichkeit ist doch so gemacht, dass man immer versucht, in dieser Einheit wieder nach Differenzierung zu streben. Deshalb sagen die Leute, es ist vielleicht der Wunsch Gottes, dass er seine Liebe auch im Dialog erleben will. Ich sage manchmal halb scherzhaft, die Welt, die Wirklichkeit, ist eine Frau, die ihre Schönheit erst glaubt, wenn sie sich im Spiegel sieht. Die Fülle will also sich nicht nur leben, sondern sich auch in der Selbstreflexion erleben."

„Das ist ja eine alte Tradition. Viele religiöse Strömungen haben das so dargestellt."

„Ja. Und für diese Spiegelei verwenden wir diese geronnenen Gebilde. Die Verkrustung ermöglicht die Spiegelung. Und während ich lebe, erlebe ich das. Und dann ist es gut gewesen. Ich habe es wirklich erlebt. Ich habe die Liebe Gottes in der Spiegelung gesehen, ein ganzes Leben lang davon gezehrt. Dann trete ich wieder ab, aber das macht ja nichts aus, es kommen wieder andere, die das weiter tragen, immer wieder neu geschieht diese Spiegelung. Immer wieder findet dieses Erlebnis statt, und ich darf mich nicht ausgeschlossen fühlen, ich kehre ja wieder zurück. Und dann bin ich auch selber wieder dran, irgendwann."

„Das ist aber ein ganz komischer Satz von ihnen: Dann bin ich selber mal wieder dran! Wo es mich doch gar nicht gibt! Am Telefon haben Sie ja auch auf den Bodhisattva verwiesen, der wieder zurückkehrt. Das ist aber auch wieder so eine äußerst zwiespältige Sache. Wie kann er als Buddha zurückkehren, wenn er doch schon in das Ganze eingetreten ist, wie kann er sich denn aus dem Gesamtzusammenhang wieder herausziehen?"

„Meine Aussage ist auch so nicht ganz richtig: ‚Ich selber' als Unverwechselbarer, mir Eigener, kehre nie wieder zurück. Die Schaumkrone einer Welle kehrt nicht als Schaumkrone einer einzigen Welle wieder, sondern verteilt auf viele, zusammen mit Schaum von anderen. So würde ich vermuten, dass wir alle in gewissem Grade zurückkehren, aber nicht in der ursprünglichen Form, im alten unverwechselbaren Ich. Den Vorsprung, den einer, der die Weisheit mit Löffeln gegessen hat, an Weisheit den anderen voraus hat, wird er nicht allein für sich selbst verwenden können, sondern es ist alles ein Beitrag an die verborgene große Weisheit, die alles Neue trägt und nährt. Ein gemeinsamer Lernprozess, von dem jeder aufs Neue profitiert und zu dem jeder einen Beitrag leisten kann und leisten soll. So würde ich vermuten, dass das, was der Bodhisattva leistet, bei allen immer auch ‚drin' ist."

„Das ist immer ‚drin'?"

„Das ist immer ‚drin'. Es ist nicht so, dass wir jemals an irgendeiner Stelle endgültig ankommen können. Die gesammelte Weisheit schwappt zurück und nährt die Nachfolgenden. Ein gigantischer Lernprozess, in dem alle und alles eingeschlossen sind."

„Das hört nie auf"

„Das hört nie auf."

„Auf der Ebene können wir uns gut verstehen. Dann ist diese absolute Gleichheit und Gleichgültigkeit auch nicht so da."

„Ja, aber dass wir uns nicht missverstehen: Für mich persönlich hört es selbstverständlich mit meinem Leben auf. Meine Biographie ist abgeschlossen. Aber ich nehme einfach hin, dass der Mensch aus Quellen schöpft, deren Ursprung er nicht kennt. Man kann auch sagen: Wir brauchen gar nicht zurückzukommen, weil wir sozusagen dauernd zurückkommen. Aber in anderer Form. Ich habe bei all diesen Formulierungen Schwierigkeiten, weil ich bei der Potentialität nicht einmal weiß, wie ich da von der Zeit sprechen soll. Es sind ja immer Ahnungen, die wir hier zu artikulieren versuchen. Die Ahnung ist die Quelle der Orientierung, die wir haben. Und auf diese Weise können wir sozusagen von dieser Verbundenheit im Hintergrund auch wirklich profitieren. Indem ich mich in diese Verbundenheit hineinbegebe, bin ich in ganz anderen Räumen. Das ist selbstverständlich nicht so eloquent. Aber auch die Dialogerfahrung hat ihren Wert, auch gerade darin, dass man merkt, je besser ein Dialog ist, mit um so weniger Worten kommt man aus. Man braucht immer weniger Hinweise, um dem anderen zu zeigen: ja, ich weiß. Der Dialog wird schwierig, wenn man zu sehr in der statischen oder funktionalen Sprache bleibt. Wir haben auch die dynamische Sprache, die eigentlich mehr deutend ist, die den anderen erraten lässt, was ich meine. Das kann man ganz gut machen, wenn man es einmal fertig gebracht hat, in derselben Landschaft anzukommen. Dann braucht man nur wenig zu sagen."

„Das heißt, da ist auch viel Stille. Das ist aber eine ganz andere Stille als die, wenn sich zwei Leute anschweigen, die sich nichts zu sagen haben. So ähnlich ist vielleicht der Unterschied zwischen der Potentialität vor und nach dem Durchgang durch die Erdgeschichte."

„Richtig. Und ein Dialog über das Erleben in der Ahnung kann nur in dieser Art gelingen. Das Erleben in der Ahnung ist ja sehr reich. Und, ich muss es immer wieder sagen: Wenn man wirklich in dem Zustand ist, dann vibriert man einfach an der Grenze. Man versucht sich nicht voll Rechenschaft zu geben von dem, was man erlebt hat, sondern man belässt es bei kurzen Bemerkungen. Deshalb ist ein Dialog so gut, weil der eine spontan aus seiner Ahnung heraus spricht, während der andere besonnen reflektiert. Man redet sozusagen nicht nur vernünftiges Zeug, man redet in Fetzen, indem man einfach die Augen zumacht und ausdrückt, was an einem vorbeischweift, ohne dass man genau weiß, was man redet. Und der andere ist derjenige, der das auffängt und bewusst registriert. Jeder sondiert gewissermaßen des anderen Ahnungsdepot."

„Was Sie jetzt beschrieben haben, das hat mir richtig Herzklopfen gemacht."

„Ja, und der andere registriert das und spielt es nachher zurück und sagt: du hast das gesagt. Und dann sagt man:

hab ich das gesagt? Deshalb ist vielleicht ein Dialog so wirksam, dass wir genau dieses spielen: Eintauchen und Klären. Wenn es gut läuft, haben beide den Eindruck: wir müssen über dasselbe gesprochen haben."

Nach einer Weile gehen wir den Weg, den Heisenberg so gerne gegangen ist, zurück zum Institut.
Was bleibt für heute? Kein Ergebnis. Ein Stück gemeinsam gegangenen Weges. Es ‚flimmert' immer noch, und das ist gut so.

Ich erinnere mich an ein früheres Gespräch, als Dürr sagte: Wenn wir uns in die Schwebe der Offenheit bringen, dann bekommen wir die Beweglichkeit, auch diesem Flimmern zu folgen. Und dann sehen wir, es flimmert gar nicht. Das geschieht nur dann, wenn ich es an mir vorbeigehen lasse. Ich kann aber auch mitschwingen. Dann bin ich dem Ganzen näher.

Leben ist mehr

Hans-Peter Dürr
Auch die Wissenschaft spricht nur in Gleichnissen
Die neue Beziehung zwischen Religion und Naturwissenschaften
Hg. von Marianne Oesterreicher
Band 5486

Der Weg in die Zukunft: Einsicht in die Komplementarität und die Verbundenheit von Wissenschaft und Religion.

Erich Fromm
Authentisch leben
Hg. von Rainer Funk
Band 5691

Wissen, was die eigene Person ausmacht. Bewusst aus eigenen Quellen leben. An die seelischen Ressourcen kommen, keine Fassadenexistenz führen, sondern intensiv fühlen.

Hans Joas
Braucht der Mensch Religion?
Über Erfahrungen der Selbsttranszendenz
Band 5459

Was erfährt, wer glaubt? Die Erfahrung der Selbstüberschreitung braucht Deutung. Eine überraschende Sicht auf eine alte Menschheitsfrage.

Dietmar Mieth
Kleine Ethikschule
Band 5471

Ethik kollidiert mit handfesten Vorteilen. Wo liegen Kriterien, die wir anwenden können? Und wo ergibt es Sinn, moralisch gut zu handeln? Klärung im alltäglichen Dschungel der Entscheidungen.

HERDER spektrum